글 테크노사이언스 · 그림 아그네세 바루치

놀면서 즐겁게 배우는 수학?
할 수 있습니다. 반드시 해야 합니다!

아이들이 수학을 꾸준히 공부하려면, 어릴 때부터 즐겁게, 그리고 쉽게 배워야 합니다. 즐거움은 학습의 강력한 동기가 되며, 높은 성취감을 심어 주기 때문입니다. 하지만 막상 수학을 어떻게 재미있게 가르쳐야 할지 엄두가 나지 않지요. 그런 고민이 있는 부모님들을 위해, 즐겁게 수학을 배울 수 있는, 미치도록 재미있는 수학 교재 〈수빠맨〉을 준비했습니다.

수학에 빠진 전 세계 아이들이 맨 처음 선택한 기초 교재, 〈수빠맨〉은 재미있고 흥미진진한 이야기를 초등 수학의 네 가지 학습 영역으로 구성하여, 다채로운 수학 문제 풀이 활동을 할 수 있도록 했습니다. 여러 가지 수학 놀이 활동을 하는 동안, 초등 수학 전 과정에 걸쳐 핵심 개념을 습득할 수 있습니다.

이 책은 단원마다 짧은 이야기에서부터 시작합니다. 기발하면서도 재미난 상상이 가득한 이야기를 읽고 이야기와 긴밀하게 이어져 있는 수학 문제를 풀어 나가면서 수학 독해력을 기르는 훈련을 하게 되지요. 더 나아가 생활과 수학이 밀접하게 연관되어 있다는 것을 체득하며 수학에 대한 호기심과 흥미가 자연스럽게 생길 것입니다.

〈수빠맨〉은 수학 개념을 무작정 외우는 대신, 아이들 스스로 수학 개념을 익힐 수 있도록 설계했습니다. 책에 있는 여러 수학 활동들을 아이들 '스스로' 할 수 있도록 도와주세요. 스스로 문제를 해결해 가면서 수학에 대한 자신감을 기를 수 있을 테니까요.

• **기다려 주세요!**

　아이가 문제를 풀 때까지 시간이 오래 걸릴 수 있습니다. 또 책을 다 풀지 않고 중간에 덮어 버리거나, 어떤 문제는 건너뛸 수도 있습니다. 그것만으로 수학을 포기했다고 단정하지 마세요. 그저 아이를 믿고 기다려 주세요.

• **답을 알려 주는 대신, 질문을 하세요!**

　아이들이 어떻게 풀어야 하는지, 답이 무엇인지 모르겠다고 했을 때 바로 답을 알려 주지 마세요. 대신 질문을 통해 아이들을 정답으로 유도해 주세요. 문제를 다시 잘 읽어 보도록 독려하거나, 막힌 부분이 무엇인지 물어보고 아이 스스로 답을 찾아 나갈 수 있도록 도와주세요.

• **수학 문제 해결의 첫 단계는 이해라는 점을 잊지 마세요!**

　수학 공부를 막 접하는 초등 저학년일수록 문제만 읽고 무턱대고 계산하거나 문제 푸는 공식만 외지 않도록 주의해야 합니다. 대신 한 문제를 풀더라도 아이가 문제를 제대로 이해할 수 있도록 시간을 충분히 주세요. 또한 아이들이 수학 문제의 답을 잘 맞히는 것보다, 문제를 어떻게 풀었는지 설명하는 것을 습관화할 수 있게 도와주세요. 어떤 풀이 과정을 거쳐 답을 구했는지 아는 것이 가장 중요합니다.

• **생활에서 수학을 찾아보세요!**

　아이들이 생활 속에서 수를 발견하도록 도와주세요. 여러 활동을 하는 동안 수학이 언제, 어떻게 쓰이는지 물어보고 이야기해 주세요. 이 책을 읽고 난 뒤에는 생활에서 수학이 어떻게 적용되고 실현되는지 아이와 함께 찾아보세요.

초등학생을 위한 최고의 수학 학습서 <수빠맨>

우리가 늘 해 온, 익숙한 수학 공부는 어떤 형태일까요? 여러 가지 수학적 개념과 공식을 외우고 이해하는 것, 그리고 그 이해를 바탕으로 이런저런 문제를 푸는 것을 떠올릴 수 있습니다. 하지만 초등학생에게 그와 같은 학습 방법을 그대로 적용하는 게 반드시 옳지는 않습니다. 그러한 정통의 수학 학습법은 조금 나중에 한다고 하더라도 늦지 않습니다. 수학을 이제 막 시작하는 초등학생은 수학과 친숙해지는 방식으로 공부하는 것이 훨씬 더 중요합니다.

시중에는 연산 훈련을 하는 교재나 부모님과 아이가 함께 공부할 수 있는 수학 교재가 많이 있습니다. 처음 출판사에서 초등학생을 대상으로 수학책을 펴낸다고 들었을 때 기존에 있는 다른 책들과 무엇이 다를까 궁금했습니다. 그리고 이 책을 살펴보고 나니 확신할 수 있었습니다. <수빠맨>은 아주 특별한 책이라는 것을 말입니다. 이 책은 조금만 살펴보아도 어떻게 전 세계 어린이들의 마음을 사로잡았는지 알 수 있습니다. 아이들의 시선을 끄는 캐릭터와 함께 다양한 환경에서 일어나는 재미있는 이야기들로 가득 차 있는 책이거든요.

<수빠맨>은 평범하고 시시한 수학 학습서가 아닙니다. 등장하는 캐릭터와 이들이 끌어가는 이야기가 재미있기도 하지만 무엇보다도 수학적인 내용이 알찹니다. 수와 연산, 도형과 측정, 규칙과 추론 등 초등학교 수학 교육 과정에 등장하는 필수적인 내용이 충실하게 담겨 있습니다. 아이들은 이 책을 펼쳐 여러 가지 수학 활동을 하는 동안 자연스러운 사고 흐름에 따라 마치 게임을 하듯 공부할 수 있습니다. 높은 수준의 집중력을 발휘하지 않더라도 퀴즈를 풀고, 도형과 전개도를 오리고, 스티커를 붙이면서 수학적 개념을 이해하고 문제를 해결할 수 있도록 구성되어 있습니다.

이 책은 단원마다 짧은 이야기에서부터 시작합니다. 기발하면서도 재미난 상상이 가득한 이야기를 읽고 이야기와 긴밀하게 이어진 수학 문제를 풀어 나가면서 수학 독해력을 기르는 훈련을 할 수 있습니다. 여러 가지 이야기들을 통해 수학이 생활과 밀접하게 연관되어 있다는 것을 체득하며 수학에 호기심과 흥미가 자연스럽게 생길 수 있도록 돕습니다.

초등학교 때에는 수학을 꼭 남들보다 더 잘할 필요는 없습니다. 수학과 친해지고 수학에 대한 자신감을 가지는 것이 수학 문제를 잘 푸는 것보다 더 중요합니다. 학습 진도를 정규 과정보다 많이 앞서 나가지 않아도 됩니다. 호기심과 집중력을 가지고 공부하기만 하면 수학은 아주 재미있는 공부라는 것, 열심히 하면 나도 수학을 잘할 수 있다는 것을 느끼게 해 주면 됩니다. 수학에 흥미와 자신감이 있으면 때때로 너무 어려운 문제가 나오더라도 쉽게 포기하지 않고 문제를 스스로 해결하기 위해 부딪히고 애쓸 힘이 생깁니다.

그런 의미에서 〈수빠맨〉은 초등학생들을 위한 최고의 수학 학습서 중 하나라고 확신합니다. 아이 스스로, 또는 부모와 함께 〈수빠맨〉으로 재미있게 수학 공부를 하다 보면 저절로 수학과 친해질 것입니다.

 송용진
(수학자, 인하대학교 명예 교수)

한국을 대표하는 위상수학자입니다. 서울대학교 수학과를 졸업하고 미국 오하이오주립대에서 박사학위를 받았습니다. 오랫동안 영재교육과 수학올림피아드에 대한 일을 해 왔으며 지금은 국제수학올림피아드 선출직 위원(IMO BOARD MEMBER)으로 활동하고 있습니다. 쓴 책으로 《수학은 우주로 흐른다》, 《영재의 법칙》, 《수학자가 들려주는 진짜 논리 이야기》 등이 있습니다.

4 + 3 + 2
16 + 7
65
86 x 2
99

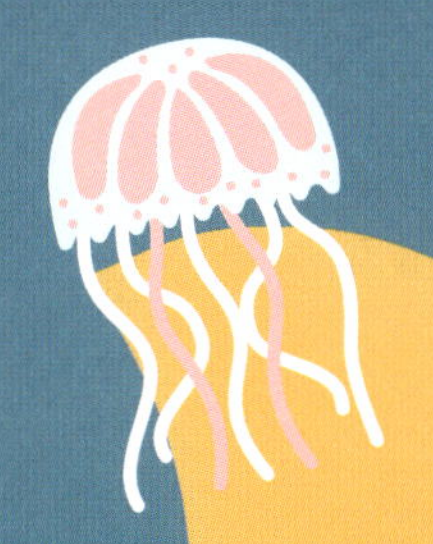

학습 주제

사칙연산 기초

12 + 34

덧셈, 뺄셈, 곱셈, 나눗셈을
따로따로 공부할 필요는 없습니다.
세 수의 계산을 하고, 식에 있는 빈칸을 채우면서
연산 규칙을 찾아보세요.
덧셈, 뺄셈, 곱셈, 나눗셈 사칙연산을
여러 가지 방법으로 연습하면서
유연하게 수학 문제에 접근해 보세요.

바다에 닥친 위기!

"불가사리야, 대체 저게 뭘까?"

"그러게, 문어야. 너무 무섭다."

바다에 있는 수학 산호 절벽 위에서 문어와 불가사리가 눈 앞에 펼쳐진 풍경을 걱정스럽게 바라보고 있어요. 며칠 사이에 온 바다가 검은 먹물로 뒤덮였거든요.

"이건 분명 수학을 싫어하는 사람이 저지른 짓이 분명해!"

문어가 불만스럽게 말했어요.

"맞아, 이 검은 먹물 때문에 사칙연산 바다가 오염되고 있어. 이대로라면 수가 모두 없어져 버릴 거야!"

"네 말이 맞아, 불가사리야. 이렇게 많은 양의 오염 물질은 본 적이 없어."

우럭이 말하는 중에도 검은 먹물은 스멀스멀 퍼지고 있었어요.

"안 되겠어. 이 검은 먹물이 어디서 오는지 찾아내서 없앨 거야!"

"나도 함께할게, 우럭아. 하지만 어떻게 해야 하지?"

"이 검은 거품을 따라 거슬러 올라가면 되지 않을까?"

"그럼, 아주 긴 여행이 될 수도 있을 텐데, 괜찮아?"

불가사리가 걱정스러운 목소리로 묻자, 우럭과 문어가 한목소리로 외쳤어요.

"당연하지!"

간식을 준비해요!

불가사리가 여행하는 동안 먹이를 준비할 수 있도록 도와주세요!
불가사리는 계산 결과가 12인 것들을 먹을 수 있어요. 찾아서 ○ 해 주세요.

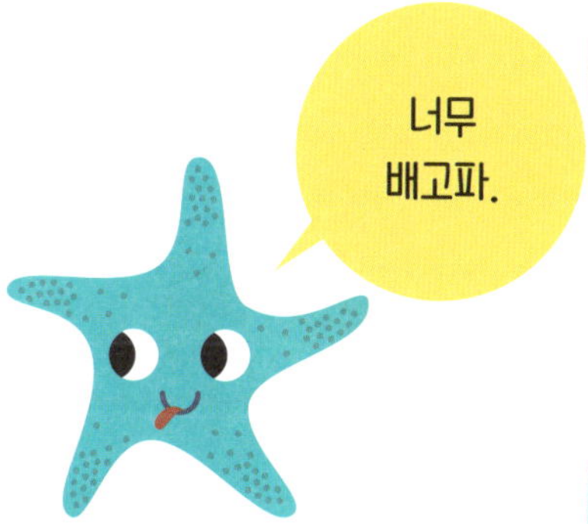

어느 쪽으로 가야 할까요?

먹물이 나오는 곳은 아름다운 산호초, 가파른 절벽 아래, 갈라진 바닥 밑 중 어디일까요?
계산 결과가 6, 12, 14인 칸을 따라서 가세요. 그러면 먹물이 나오는 곳을 찾을 수 있을 거예요.

10 + 3 =	5 + 4 =	
12 + 3 =	6 + 5 =	7 + 6 =
8 + 2 =	5 + 5 =	9 + 8 =
3 + 4 =	10 + 5 =	9 + 1 =
11 + 3 =	4 + 8 =	4 + 3 =
6 + 7 =	9 + 5 =	

아름다운 산호초

갈라진 바닥

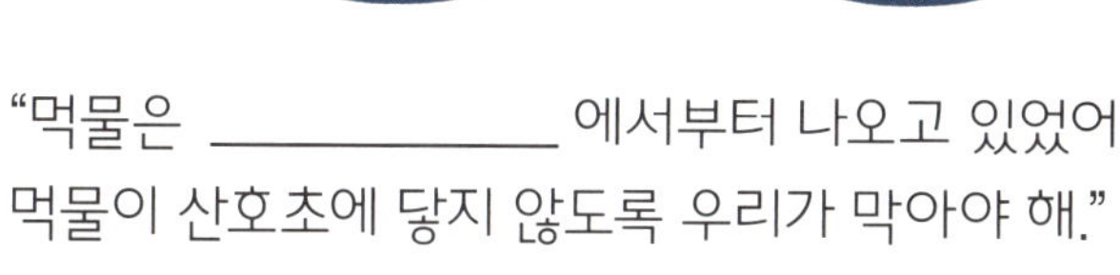

"먹물은 ___________ 에서부터 나오고 있었어!
먹물이 산호초에 닿지 않도록 우리가 막아야 해."

11

아름다운 산호초

산호초에는 다양한 종류의 물고기들이 모인답니다.
친구를 만나러 오기도 하고, 간식을 먹으러 오기도 하거든요.
아래는 우리가 만나게 될 물고기 친구들이에요.

우리가 만날 물고기는 몇 마리나 될까요? 한꺼번에 세기는 어렵겠어요.
종류별로 나눠서 수를 센 다음 그 값을 더해 봐요.

종류	1구역	2구역	3구역	4구역	합계

흰동가리 동동이 산호초 위에 알을 낳았는데 어디에 몇 개를 낳았는지 모르겠대요. 아래 계산식을 풀어서 동동이 낳은 알의 개수를 알려 주세요. 책 뒤에 있는 스티커를 붙이세요.

내 알을 찾아줘!

알이 섞여 버렸어요. 엄마 물고기와 아빠 물고기의 비늘 수를 더한 값과 똑같은 개수의 알을 찾아서
선으로 이어 주세요.

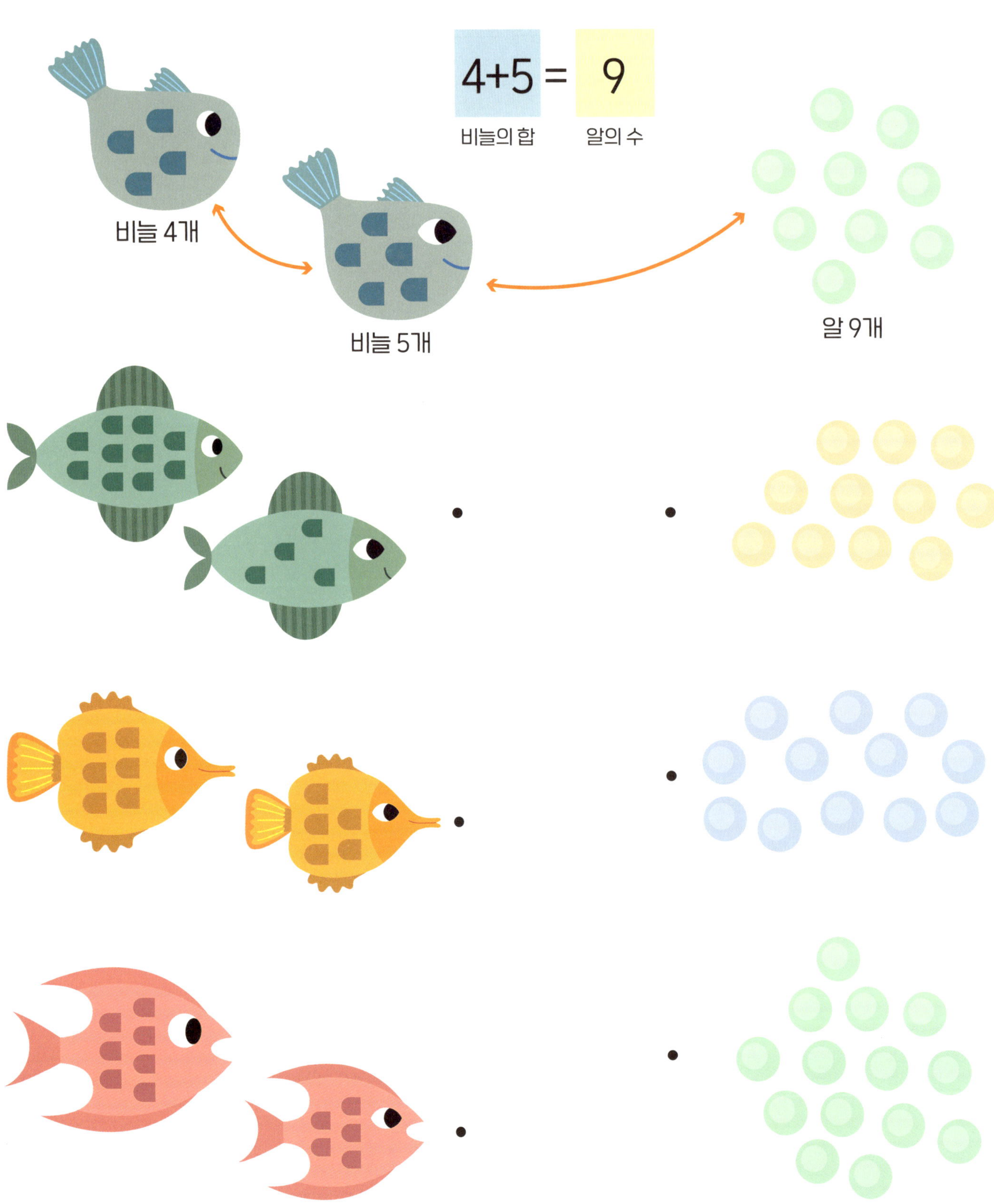

알록달록하게!

"이 산호초 좀 봐. 정말 아름답다."
불가사리가 외치자, 문어는 얼굴을 찌푸렸어요.
"끙, 나는 이렇게 위장하기 어려운 곳은 딱 질색이야!"
"그럼, 우리가 도와줄게! 네 몸을 이 알록달록한 산호초와 똑같이 색칠해 줄 수 있어. 맡겨 봐!"
문어가 산호초에서 위장할 수 있게 도와주세요. 계산한 값을 보고 아래 블록과 같은 색으로 칠해 보세요.

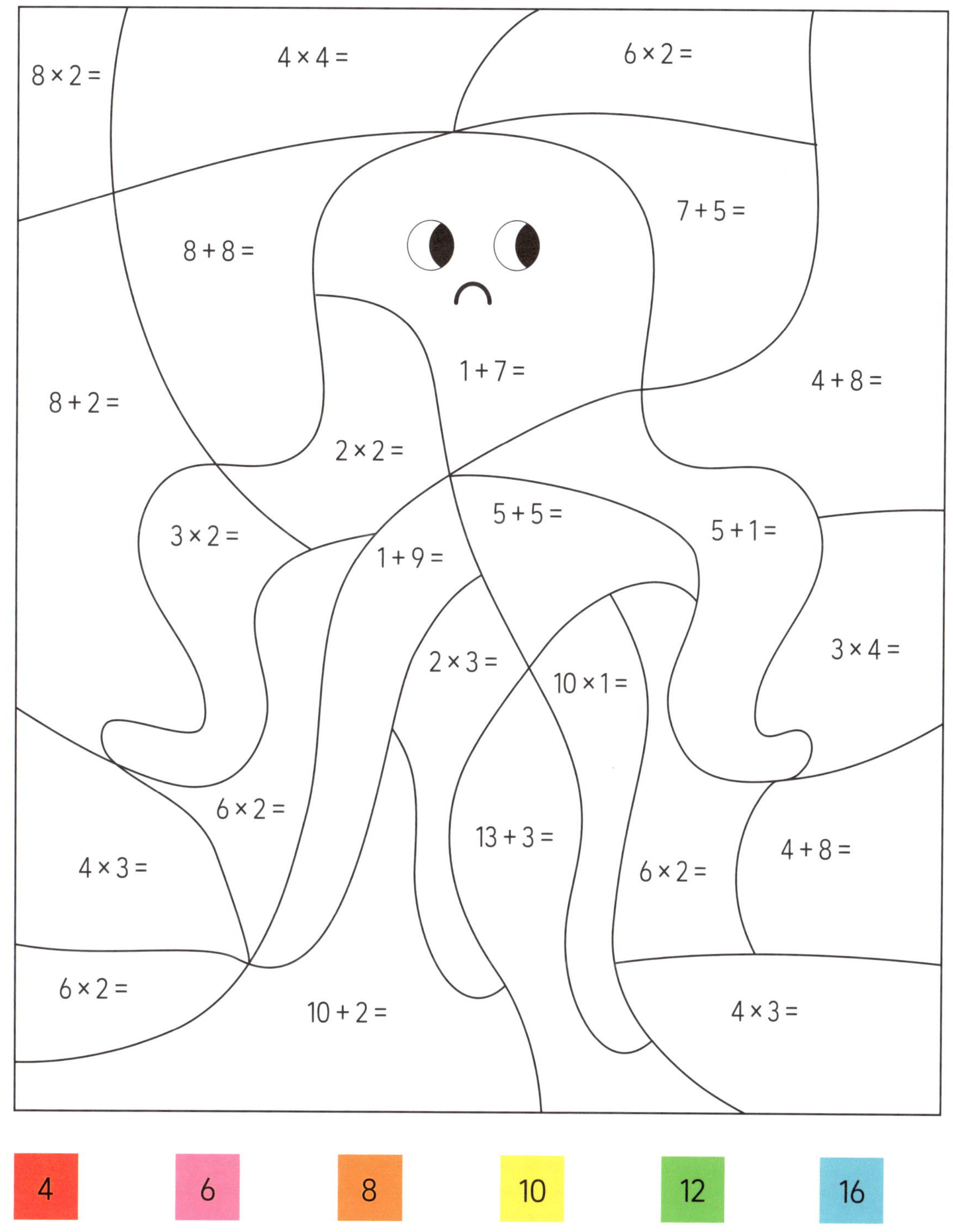

바다의 먹이사슬

"슬프지만, 바다 생태계의 균형을 위해서는 누구는 누구를 잡아먹을 수밖에 없어.
불가사리가 먹은 홍합을 좀 봐!"
문어가 말했어요.
불가사리가 먹은 홍합의 수만큼 X 표시를 해 보세요. 그러면 남은 수를 구할 수 있어요.

$9 - 3 = 6$

$6 - 4 =$

$7 - 5 =$

$8 - 1 =$

$9 - 7 =$

$5 - 4 =$

$8 - 6 =$

$7 - 1 =$

$8 - 2 =$

먹이사슬의 빈칸에 알맞은 수를 구해서 정답 스티커를 붙여 보세요.
아래 두 수의 합이 그 위의 수와 같으면 돼요.

8 + 2 = 10

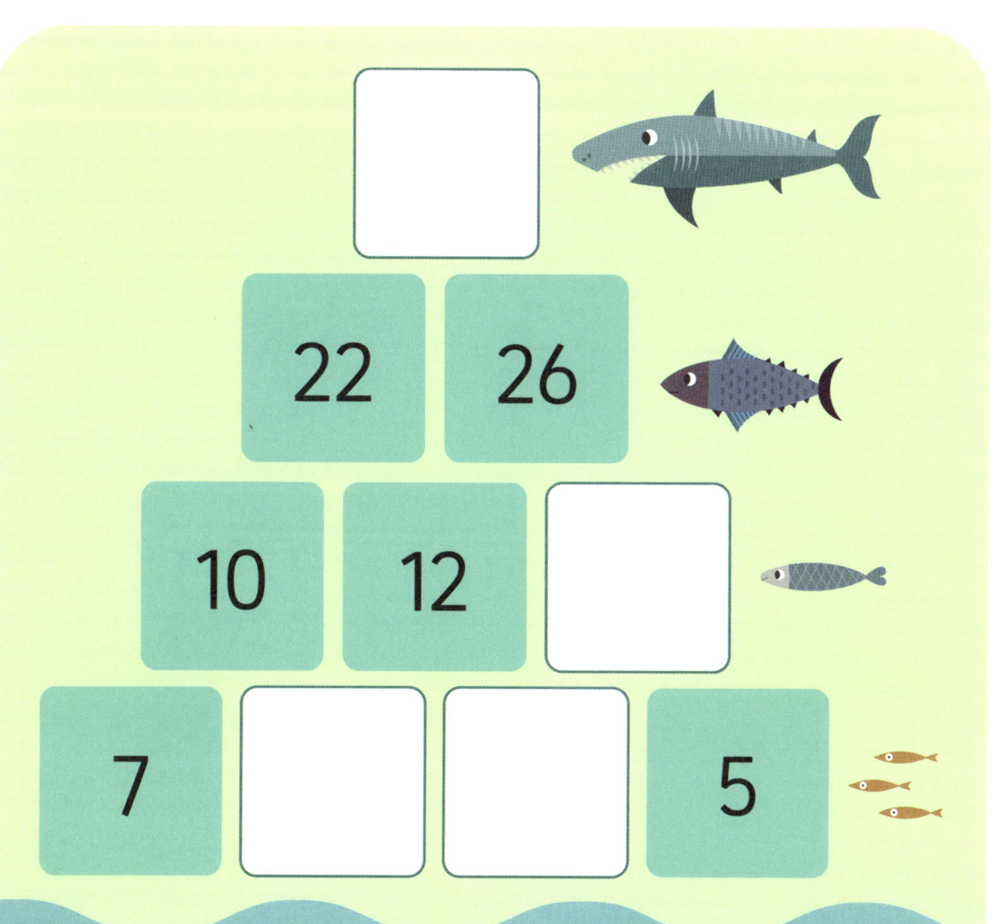

17

산호초를 구하자!

"여기로 가는 게 맞아? 여긴 온통 검은 거품투성이야!"
"이 길이 맞아. 먹물이 산호초까지 덮친 거야.
우리도 뭔가 산호초를 도울 방법을 찾아보자."
십자 퍼즐의 빈칸에 알맞은 수를 구해서, 먹물이 번지는 걸 막아 주세요.

계속되는 여행

스티커는 본문 뒤에 있어요.

산호초의 먹물은 막았지만, 계속 길을 가기 위해서는 계산식을 완성해야 합니다.
책 뒤에서 알맞은 스티커를 찾아 붙여 주세요!

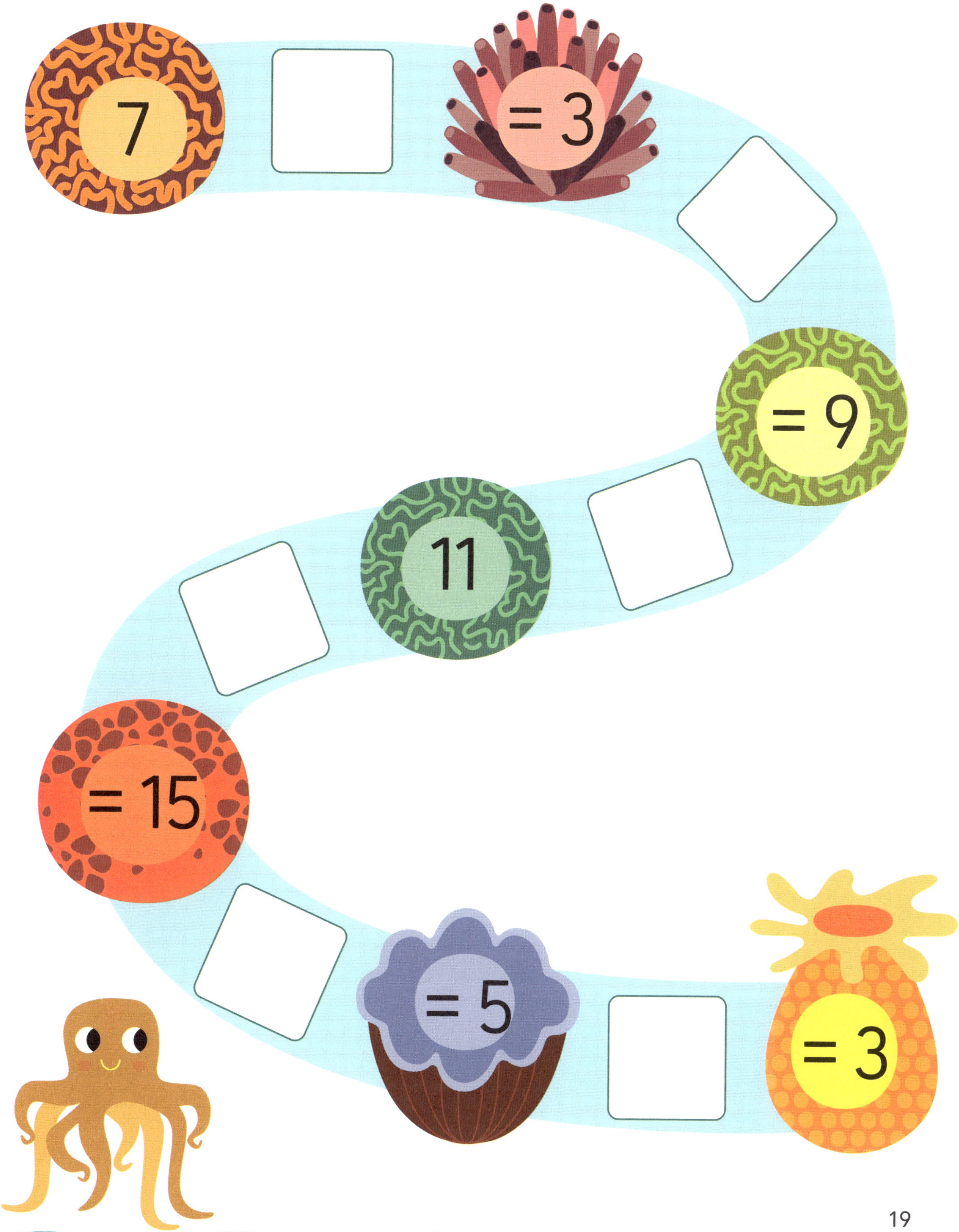

비밀 암호로 바다를 건너자!

"이제 산호초 길은 끝인가 봐. 갈라진 바닥이 보여."
우럭이 앞에 펼쳐진 바다를 지느러미로 가리키며 말했어요.
"거기까지 가는 건 너무 위험해. 저기 상어를 봐!"
문어가 한숨을 쉬며 말했어요. 그때, 불가사리가 좋은 방법이 떠올랐는지 어디론가 헤엄쳐 갔어요.
"얘들아, 우리 아주 조용히, 비밀 암호를 사용해서 바다를 건너자.
그러면 상어들이 우리가 옆을 지나가고 있다는 걸 모를 거야!"
오른쪽 비밀 암호를 따라 수를 뛰어 세면서 건너가면 됩니다. 화살표로 표시해 주세요.

비밀 암호
+1
+4
+2
8 9 10 11 12 13 14 15 16
9 10 11 12 13 14 15 16
9 10 11 12 13 14 15 16

갈라진 바닥

불가사리, 우럭, 문어는 바위 위를 기어가는 친구를 발견했어요.

"얘들아, 저게 뭘까?"

"맛있는 간식!"

불가사리가 군침을 삼키며 대답했어요.

"난 너무 배고파! 간식을 먹어야겠어."

"잠깐만! 날 잡아먹지 말아 줘. 갈라진 바닥으로 가고 싶지? 내가 저 갈라진 바닥을 건널 수 있도록 도와줄게!"

문어와 불가사리가 잠시 멈칫하더니 꽉 잡은 발을 풀었어요.

"미안해, 친구야. 혹시 이름이 뭐니?"

"난 갯강구야."

"어떻게 갈라진 바닥까지 갈 수 있다는 거야?"

"갈라진 바닥에서는 거대 게딱지와 청어 대마왕이 무지막지한 세력 다툼을 하고 있어서 그곳을 무사히 지나갈 수 없을 거야. 하지만 난 갈 수 있는 방법을 알아!"

"널 잡아먹지 않을게. 우리를 안내해 주겠어?"

"좋아, 날 따라와!"

갯강구가 빠르게 출발하자, 문어와 우럭, 불가사리도 뒤따랐어요.

꼬르륵… 심해로 잠수!

갯강구는 곧바로 절벽을 따라 갈라진 바닥의 틈새로 잠수해 내려갔어요.
"이쪽으로 내려와!"
갯강구의 목소리가 메아리치는 것을 들으며,
문어와 불가사리가 어두운 틈새로 내려가기 시작했어요.
문어와 불가사리가 길을 찾을 수 있도록 빈칸을 채워 주세요!

누가 바다의 왕인가?

칠흑 같은 어둠 속에서, 문어와 불가사리는 무언가에 둘러싸였어요.
거대 게딱지와 청어 대마왕이 양옆에 물고기 군대를 거느리고 서 있었어요.
그런데 어두컴컴한 그림자 속에서 갯강구가 나타나더니, 예를 갖추는 게 아니겠어요?
"이들이 말씀드린 전투의 포로입니다, 폐하."
"네가 감히 우릴 속이다니!"
문어와 불가사리가 배신감이 가득한 목소리로 외쳤어요.

스티커는 본문 뒤에 있어요.

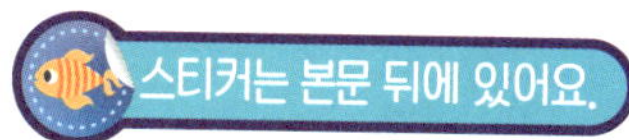

심해의 왕 자리를 두고 다투는 전투가 시작되었어요.
다시 위로 올라가기 위해서는 전투에 참여해야 해요!
모눈에 색칠한 사각형의 개수가 3의 곱셈구구의 값이면 거대 게딱지의 땅이고,
5의 곱셈구구의 값이면 청어 대마왕의 땅이에요.
물고기 옆에 붙은 수를 보고 색칠한 사각형의 개수와 같은 곳에 스티커를 붙여 주세요.

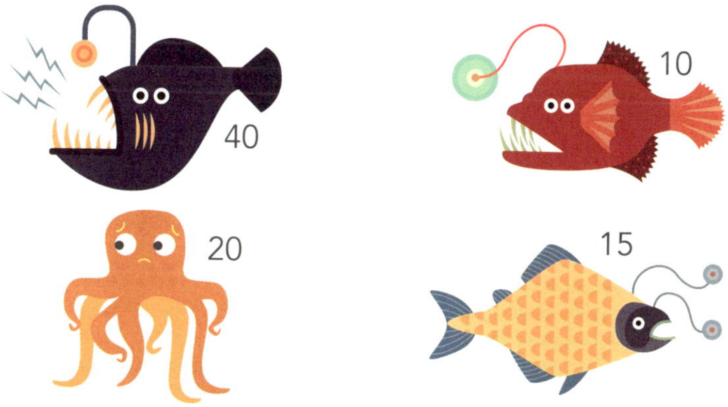

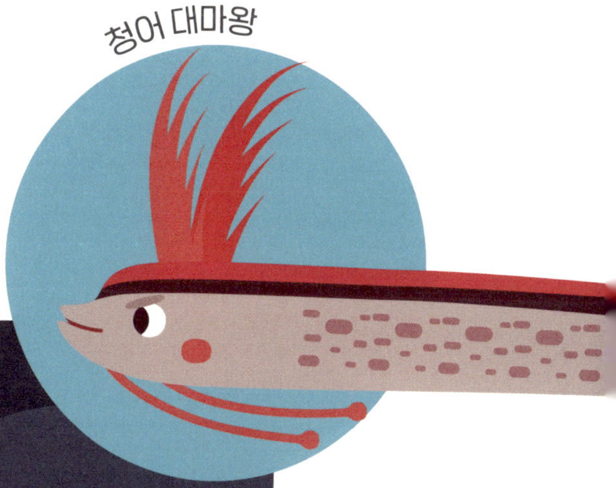

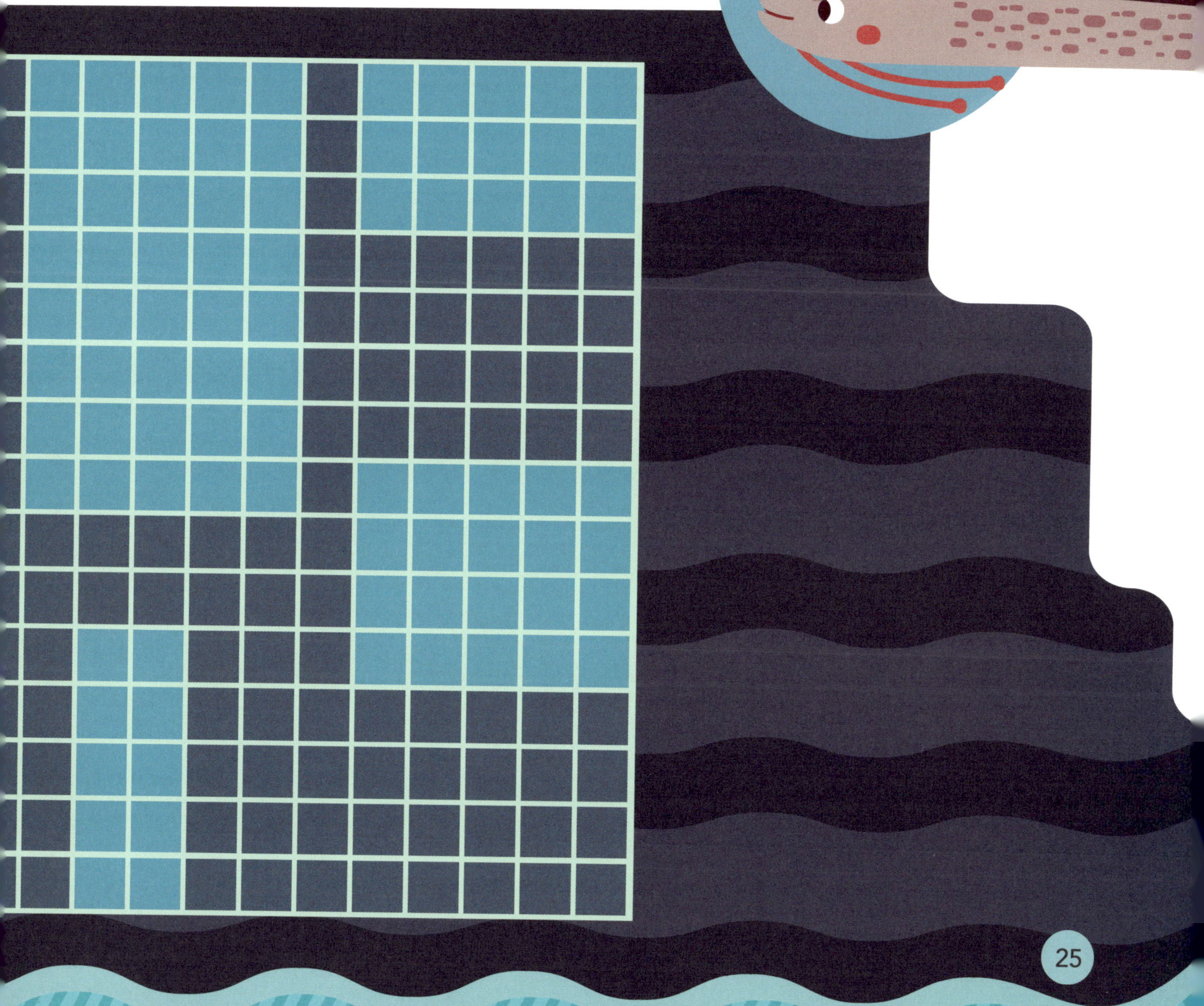

첫 번째 전투

"게임을 시작하겠다."
거대 게딱지가 커다란 집게발을 딱딱거리며 엄숙하게 말했어요.
"저 불가사리들 팔에 있는 다섯 개의 계산식을 완성하는 게임이다.
가운데 숫자가 답이 되도록 완성해야 해."
가운데 숫자가 나오도록 계산식을 완성해 주세요.

__×2

16÷__   __−9

8

6+__   5+__

__×3

30÷__   11+__

15

6+__   __+7

__×2

__÷3   __−4

12

__+6   9+__

돌고 도는 물고기

화살표 방향의 계산식에서 빠진 수를 찾아서 넣어 보세요.

거대한 고래의 뱃속

향유고래는 뭐든 먹어 치우는 것으로 악명이 높죠.
향유고래가 무엇을, 몇 마리 먹었나요?
덧셈식과 곱셈식의 결과가 먹이의 수와 같도록 식을 완성해 주세요.

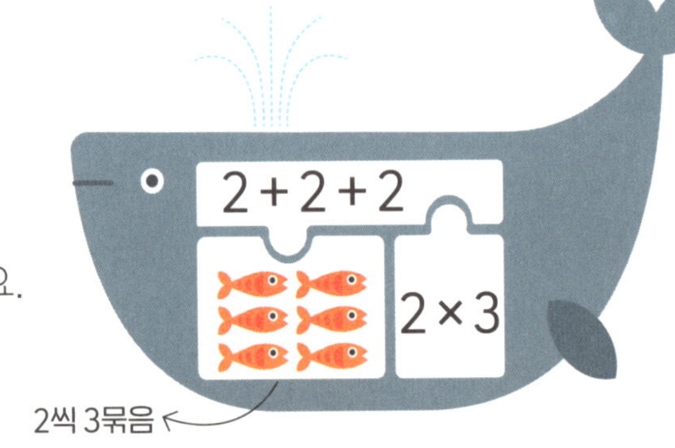

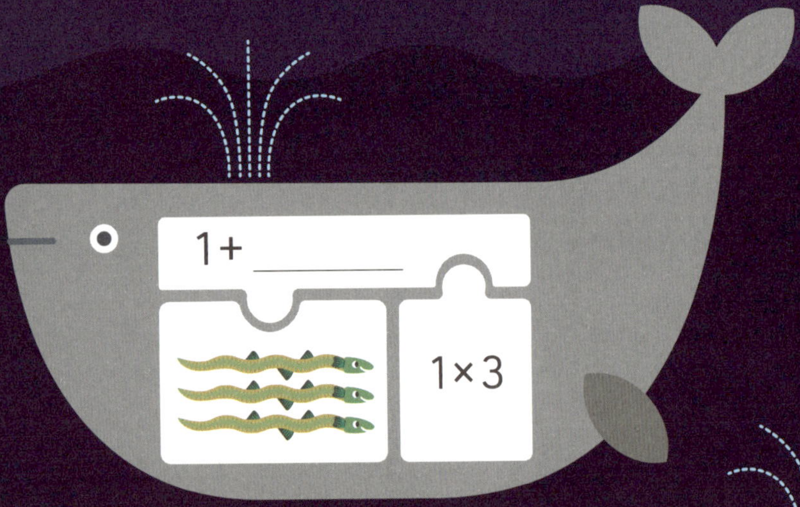

1+ _______

1 × 3

2 + 2

____

으악!
난 먹으면
안 돼!

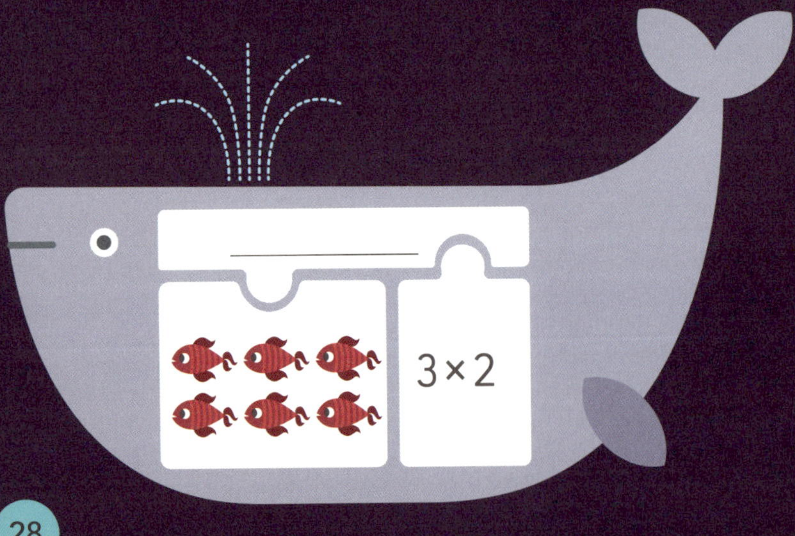

____

3 × 2

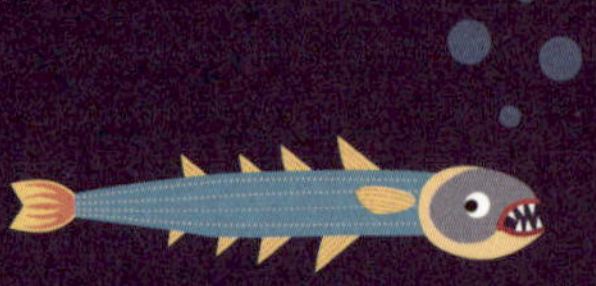

5+______
5×2
2+______
____×4
몇씩
몇 묶음인지
살펴봐!
3+3+3
______
3+______
____×5
곱하기 5를
했으니까
5묶음이야.

가자미 게임

두 팀의 게임이 후끈 달아올랐어요. 이제 가자미 게임을 할 차례예요.
연필과 주사위 2개, 책 뒤의 팀별 스티커를 준비해 주세요.
게임을 시작해 볼까요?

1

거대 게딱지와 청어 대마왕 중 어느 팀을
할지 정하세요.

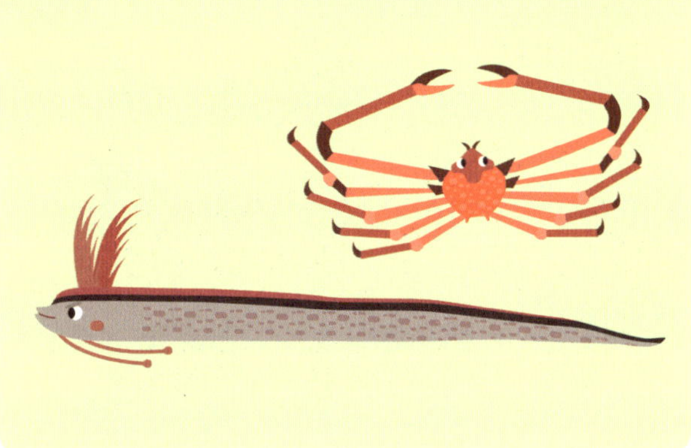

2

0부터 12까지의 수 중에서 서로 다른 수 4
개를 선택하세요. 그리고 가자미 안에 있는
빈칸에 그 수를 쓰세요.

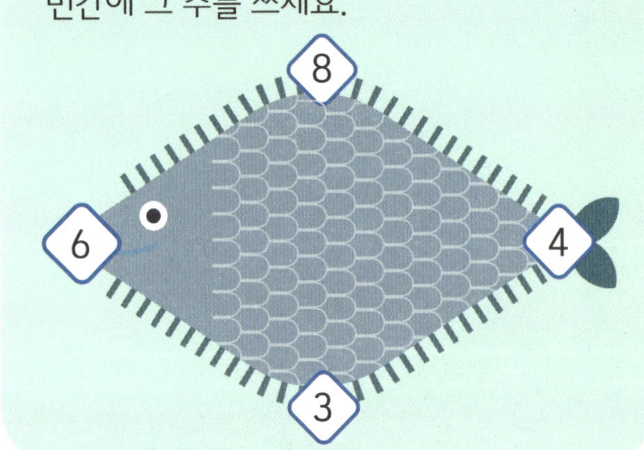

3

두 개의 주사위를 던져서 나온 두 수를 서로
더하거나 뺐을 때 네모 칸에 쓴 수와 같으면
그 네모 칸 아래에 팀 스티커를 붙이세요.

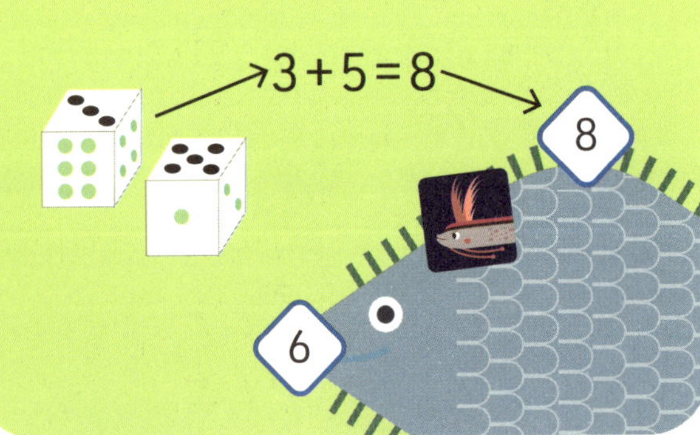

4

한 네모 칸 아래에 스티커 3개를 먼저 붙
이면 그 네모 칸은 그 팀의 것이 됩니다. 그
렇게 네모 칸 3개를 먼저 차지한 팀이 이깁
니다!

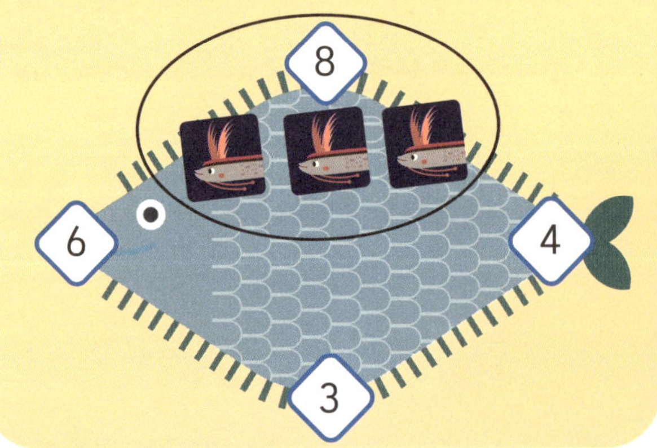

이 그림을 게임 판으로 사용하세요.

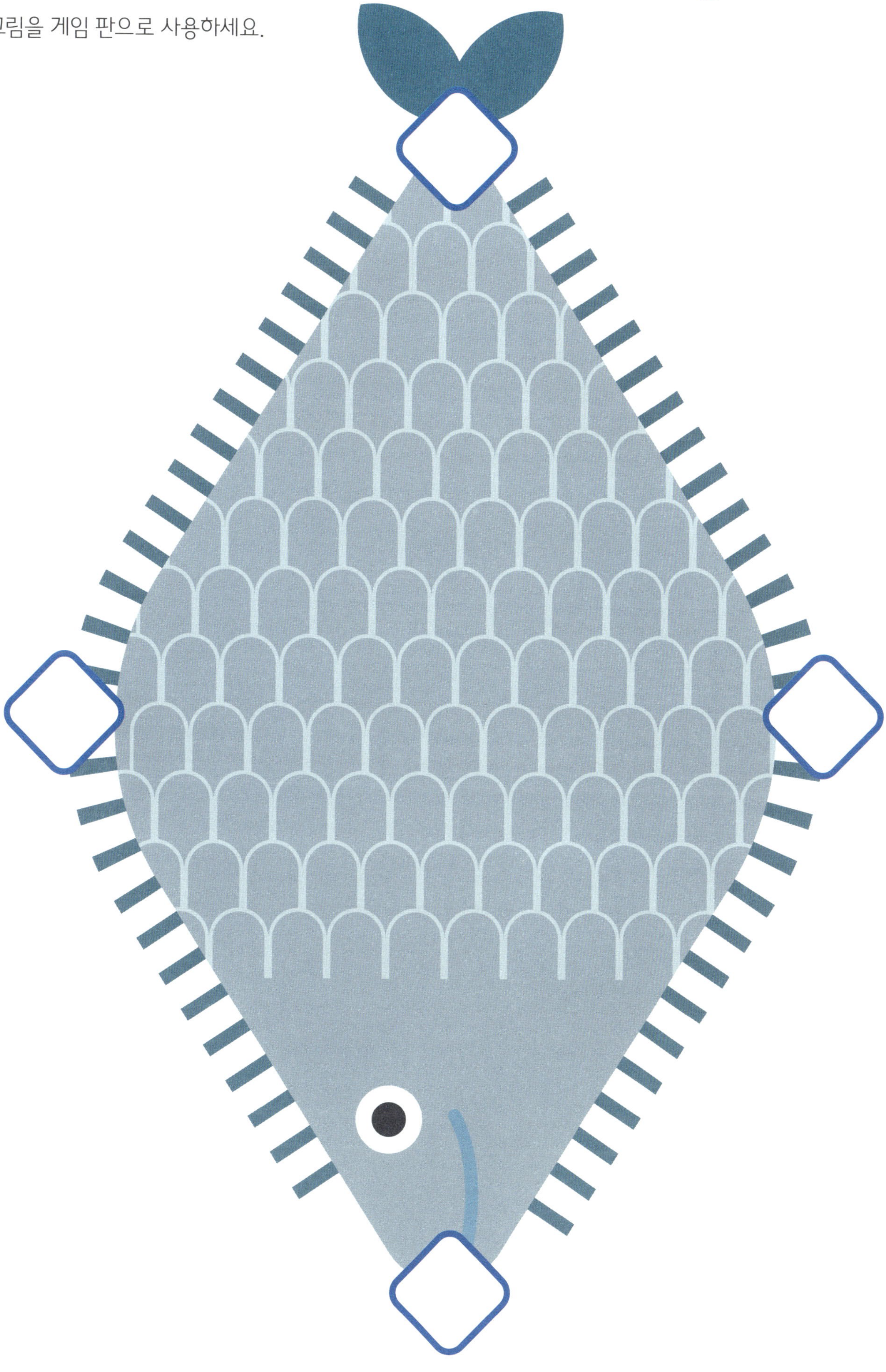

전투의 승자는?

스티커는 본문 뒤에 있어요.

거대 게딱지 팀과 청어 대마왕 팀이 서로 게임 결과를 두고 옥신각신하고 있어요.
"우리 편이 이겼어!"
"아니야, 우리 편이 이겼어!"
보다 못한 청어 대마왕이 꼬리를 내리치며 모두를 조용히 시켰어요.
"승자의 결정은 심해에 있는 대법원에 맡기는 걸로 하겠네."
배심원들이 그들의 깃발을 찾을 수 있도록 문제의 답과 일치하는 스티커를 깃발에 붙여 주세요.

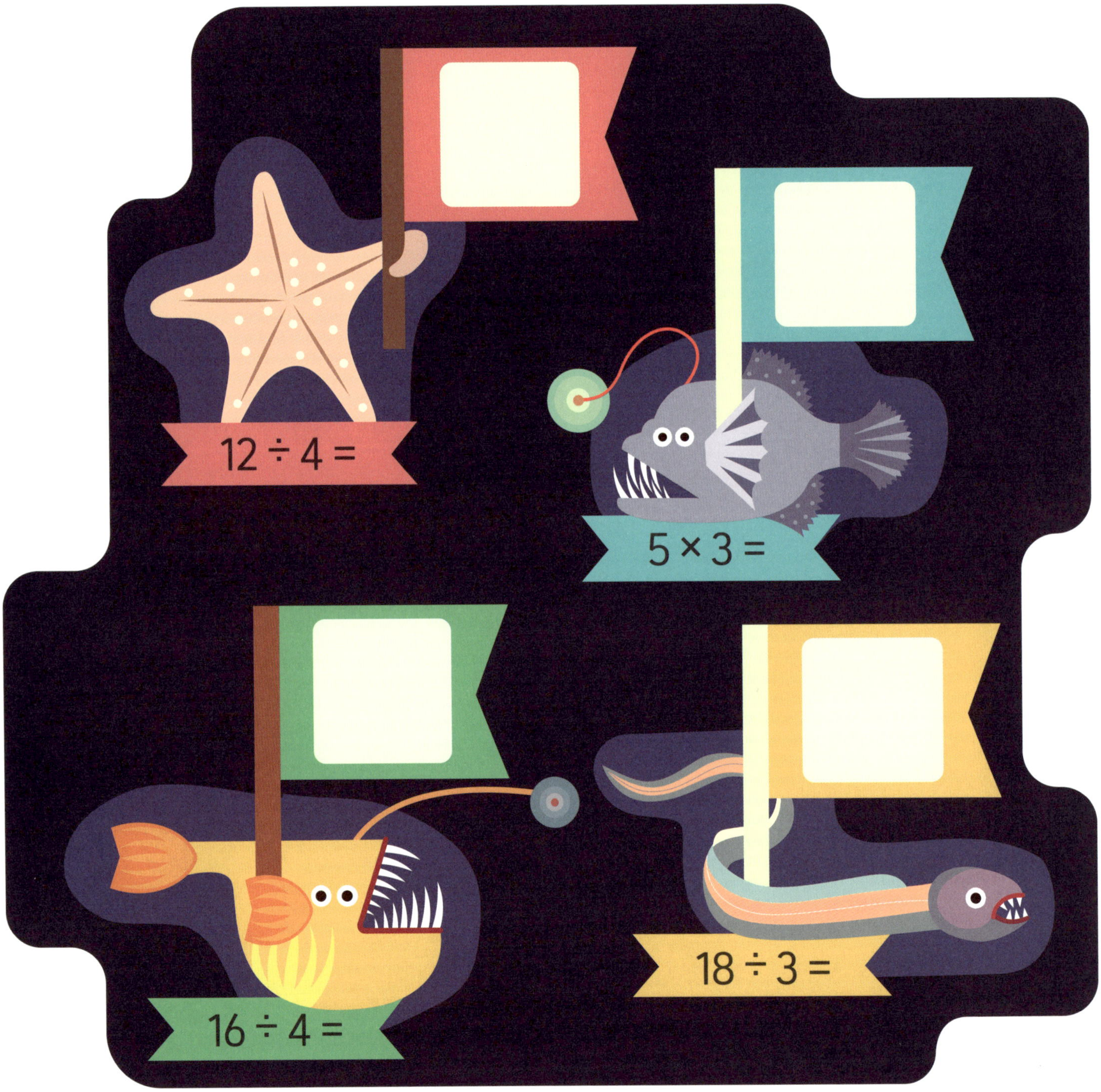

탈출!

게임 결과를 두고 떠들썩한 가운데 문어가 불가사리에게 조용히 다가갔어요.
"불가사리야, 지금이야! 어서 탈출하자."
두 친구가 갈라진 바닥에서 탈출할 수 있도록, 7의 곱셈구구의 값에 ◯ 표시해 주세요.

인어들의 도시, 아틀란티스

"서둘러! 그 물고기들이 우리가 사라졌다는 걸 알기 전에 어서 멀리 가야 해."

우럭이 외쳤어요. 문어와 불가사리는 우럭을 따라 큰 바위 뒤로 숨어들어 갔어요.

"내가 봤을 땐, 이 커다란 바위 아래에서 먹물이 나오는 것 같아."

"우럭아, 이 바위가 이상해 보인다는 거야?"

"그럼! 난 이렇게 생긴 물고기는 처음 봐."

"무슨 소리야! 수십 번도 더 봤으면서."

우럭의 말에 문어가 어이없다는 얼굴을 했어요.

"내가 이렇게 생긴 물고기를 본 적이 있다고?"

"당연하지! 이 물고기를 뭐라고 하더라…. 다리는 물고기이고, 위에는 인간인…

그래, 인어! 이 바위는 인어 모양이잖아. 인어 동상이 있다면, 여긴…."

피시식! 문어가 갑자기 먹물을 이리저리 쏘며 흥분을 감추지 못했어요.

"여긴 아틀란티스가 틀림없어! 우리가 아틀란티스에 왔다고!"

비밀 통로

"고대의 현명한 인어 아쿠아가 말했어. 바다의 신이 아틀란티스를 바다로 가라앉혔다고."
문어가 아틀란티스에 대해 이야기하며 돌에 발을 기댔어요. 그러자 갑자기 바위들이
스르륵 움직이더니, 고대 유적들 사이에 있던 비밀 통로가 나타났어요!
비밀 통로의 스위치는 무엇일까요? 바르게 계산한 식을 찾아 ◯를 해 주세요.

폐허 속의 미로

우럭이 어두운 출입문으로 불가사리와 문어를 이끌고 들어갔어요.
"앗! 여긴 이건 폐허 속의 미로야!"
불가사리와 우럭, 문어가 길을 찾을 수 있게 도와주세요. 계산식을 풀어서 답이 나오는 길로 가면 돼요.

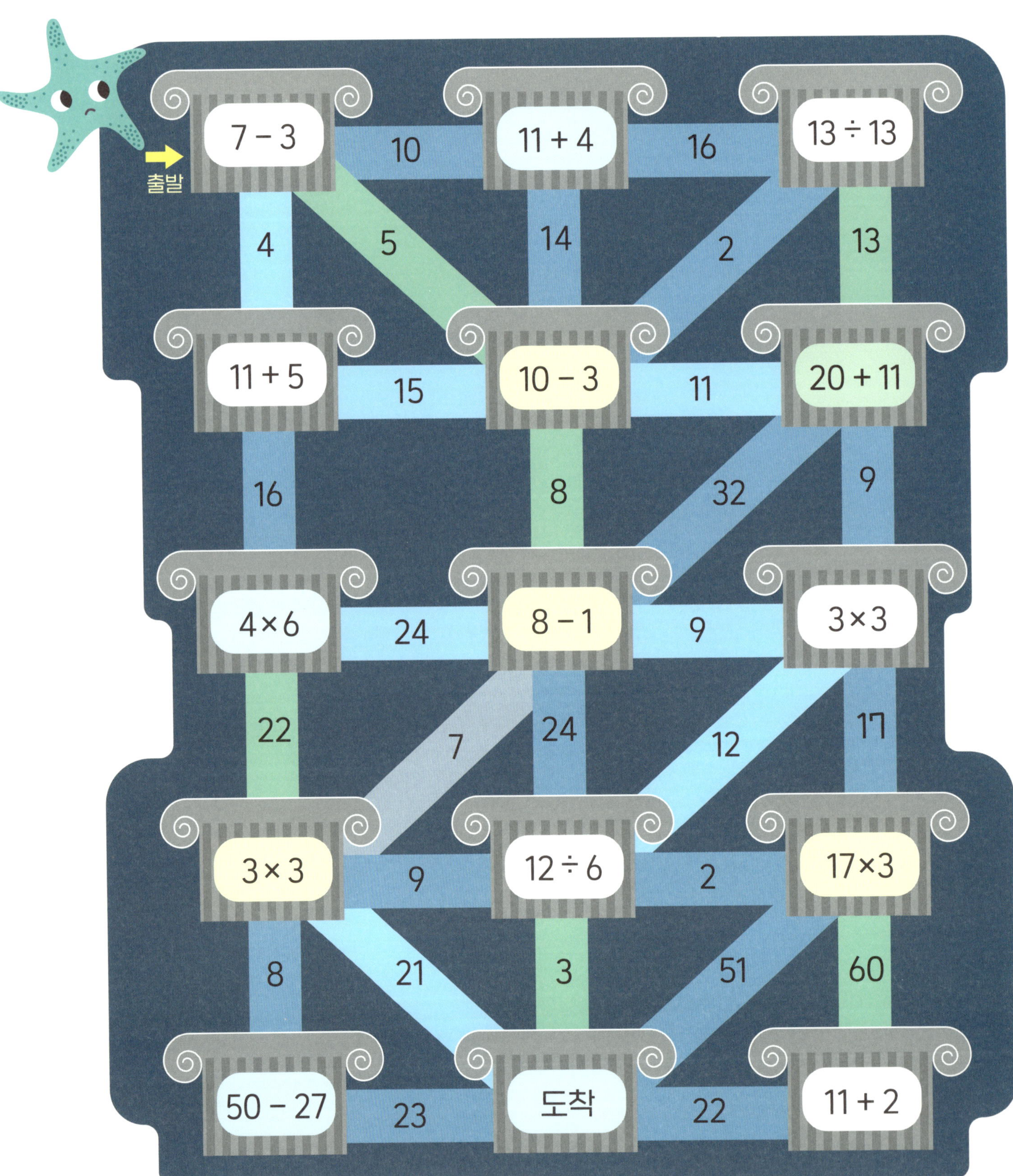

먹물로 얼룩진 광장

불가사리와 우럭, 문어가 아틀란티스의 중심 광장에 도착하니 아틀란티스의 주민들이
먹물로 엉망진창이 된 광장에서 울상 짓고 있었어요.
"우리는 근사한 곱셈구구 파티를 열려고 했는데… 이놈의 먹물이 다 망쳤어!"
소라게가 투덜거리며 말했어요.
"걱정하지 마세요! 저희가 도와드릴게요."
거품 위의 계산식을 풀고, 답이 적힌 조개껍데기 스티커를 붙여서 먹물이 퍼지는 걸 막아 주세요.

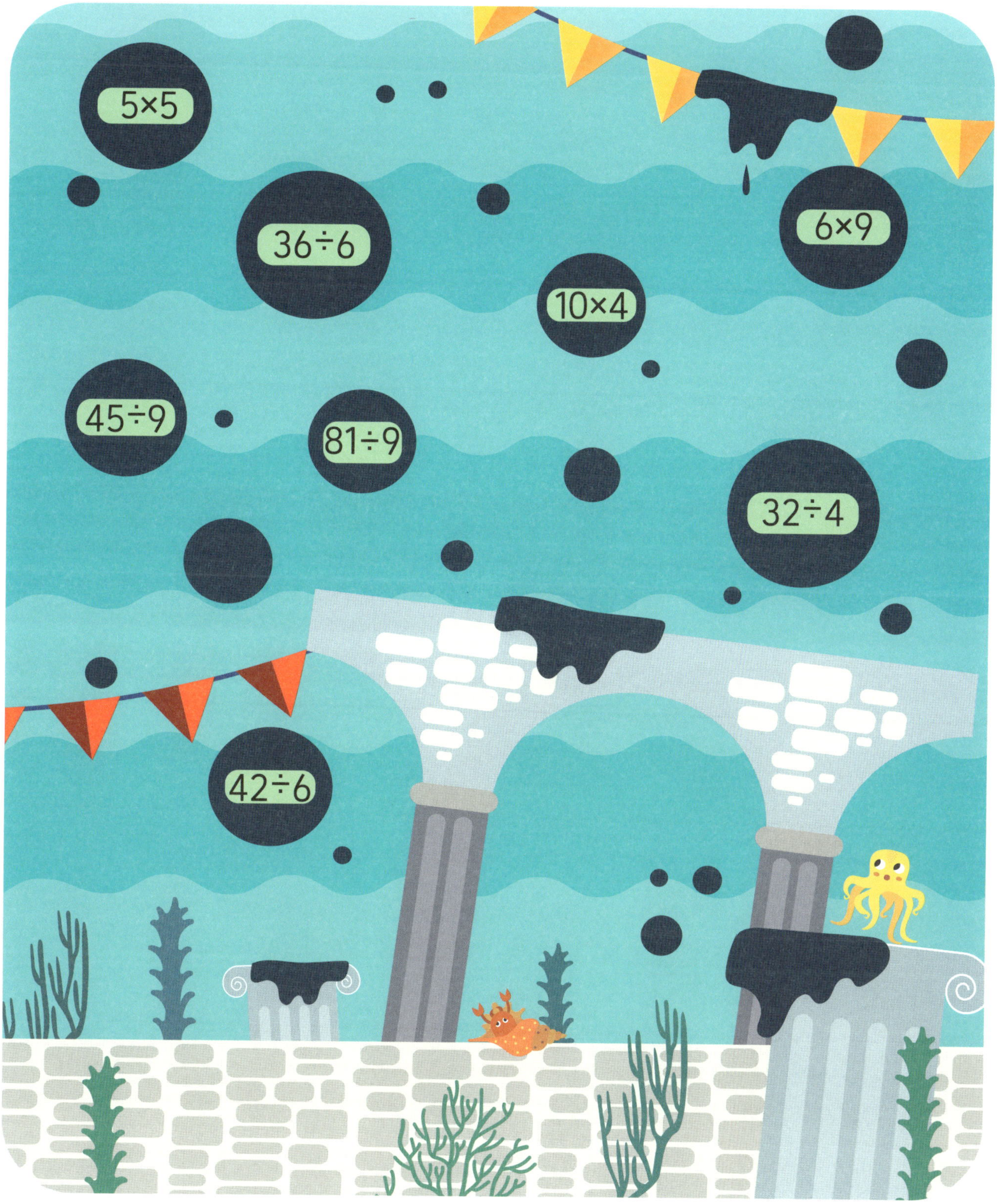

다시 파티를 준비하자!

이제 더 이상 먹물이 퍼지지 않고 있어요. 망가진 것들을 다시 되돌려 볼까요?
먼저 지워진 현수막을 다시 만들어 봐요. 규칙을 찾아 계산식의 빈칸을 채워 주세요.

꽃게와 해파리는 검은 먹물에 놀라서 숫자 댄스의 순서를 깜박 잊어버렸대요.
덧셈표와 뺄셈표에 알맞게 숫자 스티커를 붙여 주세요!
그러면 숫자 댄스의 순서를 기억해 낼 수 있을 거예요.

뺄셈표

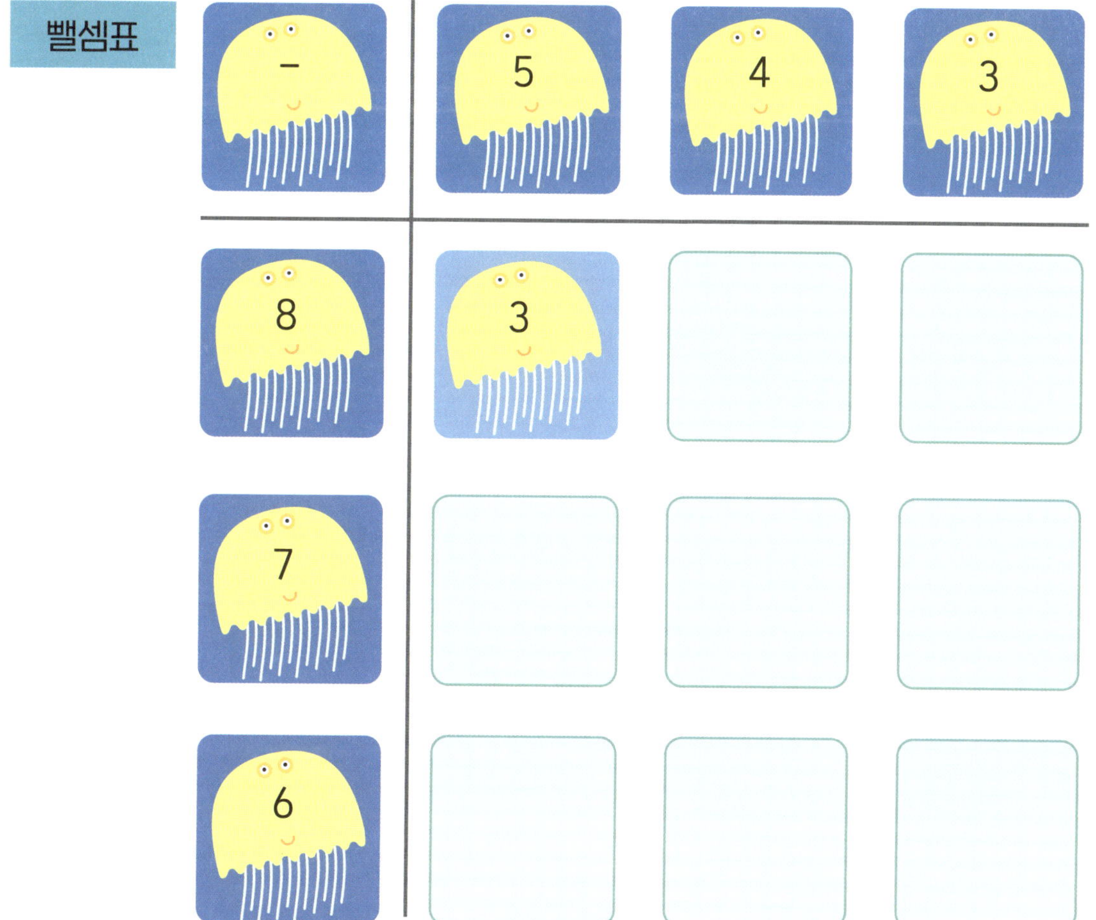

사라진 파티의 손님들

파티의 손님들 몇몇이 사라졌어요! 아래 계산식이 맞도록
사라진 손님들을 찾아서 오른쪽에 스티커를 붙여 주세요.

얼마나 사라졌나요?

얼마나 사라졌나요?

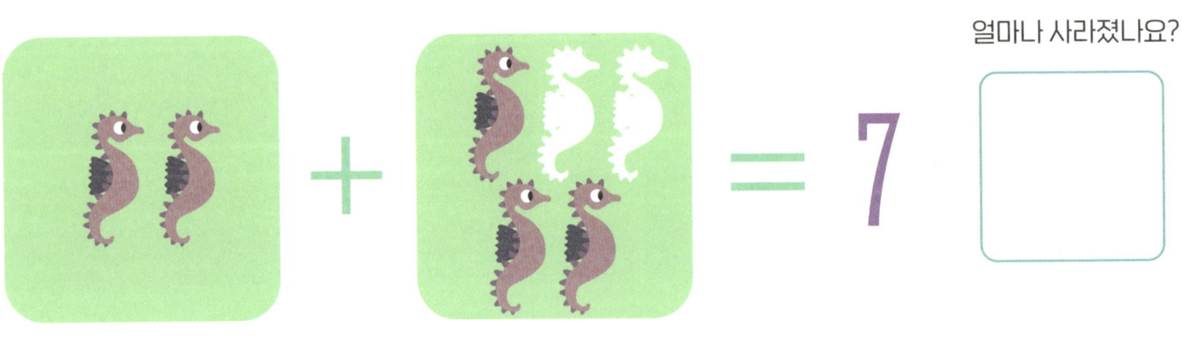

얼마나 사라졌나요?

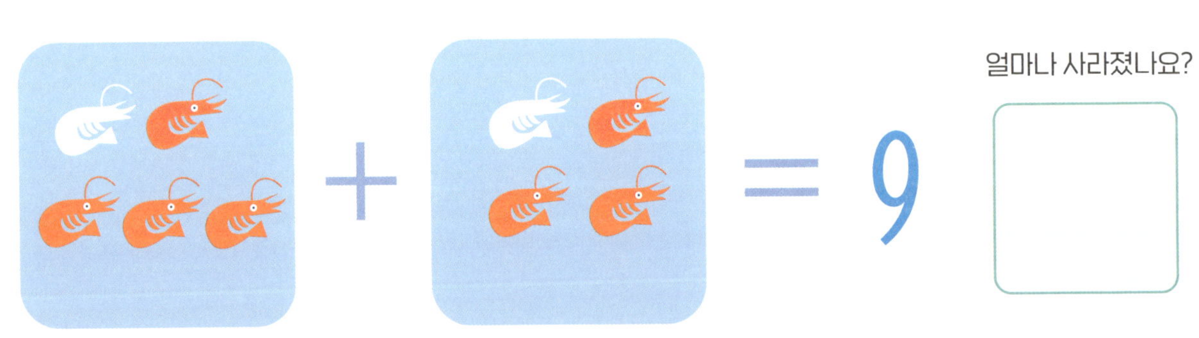

 +  = **10**

 + = **11**

 + = **16**

 + = **9**

넙치 1세의 부탁

불가사리, 우럭과 문어의 도움을 받아서 아틀란티스의 주민들은 먹물로 피해를 본 도시를 되살렸어요.
도시는 활기를 되찾고, 주민들은 기뻐하며 축하를 나눴죠. 그런데 누군가 다급하게 외쳤어요.
"비상, 비상! 어딘가에서 먹물 거품이 다가오고 있어요!"
아틀란티스의 왕 넙치 1세는 잠시 고민하더니 불가사리와 우럭, 문어에게 말했어요.
"아틀란티스의 왕으로서, 당신들에게 부탁하오. 이 먹물이 어디서 오는지를 찾아서 없애 주시오!
그러면 당신들이 여행을 계속할 수 있도록 도와주겠소."
네모 칸 안의 계산식을 풀고, 스티커로 도시의 망가진 부분을 고쳐 주세요.

스티커는 본문 뒤에 있어요.
18 ÷ 9
10 ÷ 10
35 ÷ 7
33 ÷ 3
8 × 2
123 − 113
7 × 2
7 × 2

사라진 도시

불가사리와 우럭, 문어는 한참 동안 헤엄을 친 후에 드디어 아틀란티스를 벗어났어요.

"그런데, 이 이상한 것들은 뭐야?"

"난파선인 것 같아."

"난파선? 그 인간들이 타는 시끄러운 조개껍데기 말이야?"

"정확하게는, 인간들이 타다가 망가진 조개껍데기야. 저기 맛있는 게 아주 많대!"

불가사리가 입맛을 다시며 말했어요.

"그런데 너, 그걸 다 어떻게 아는 거야?"

우럭과 문어가 의아한 듯이 물어보니, 불가사리가 우물거리며 답했어요.

"우연히 바다 성게의 대화 내용을… 낚았다고나 할까?"

불가사리가 쏜살같이 앞으로 달려갔어요.

"낚았다고? 그런 말을 쓰다니! 불가사리, 너 진짜!"

우럭과 문어가 화를 내며 불가사리를 뒤따라 난파선을 향해 다가갔어요.

거품 사이로 나 있는 길

스티커는 본문 뒤에 있어요.

세 친구는 검은 먹물 거품을 마주했어요. 문어는 모두를 위해 안전한 길을 찾으려고 해요. 문제를 풀어서 각 세로줄에서 답을 찾고, 그 답이 쓰인 자리에 스티커를 모두 붙여서 거품 사이의 길을 열어 주세요.

출발 →

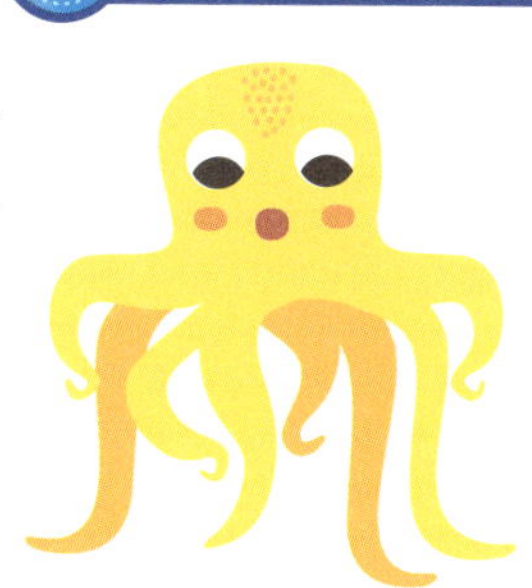

12를 빼면 5가 되는 수	3으로 나누어 떨어지는 수	4의 곱셈구구 값	3을 더해서 7이 되는 수	5로 나누어 떨어지는 수	2의 곱셈구구 값	9를 곱해서 54가 되는 수
13	5	16	4	15	11	8
21	9	32	3	10	4	7
17	6	9	2	7	8	5
19	2	15	1	11	12	6

↓ 도착

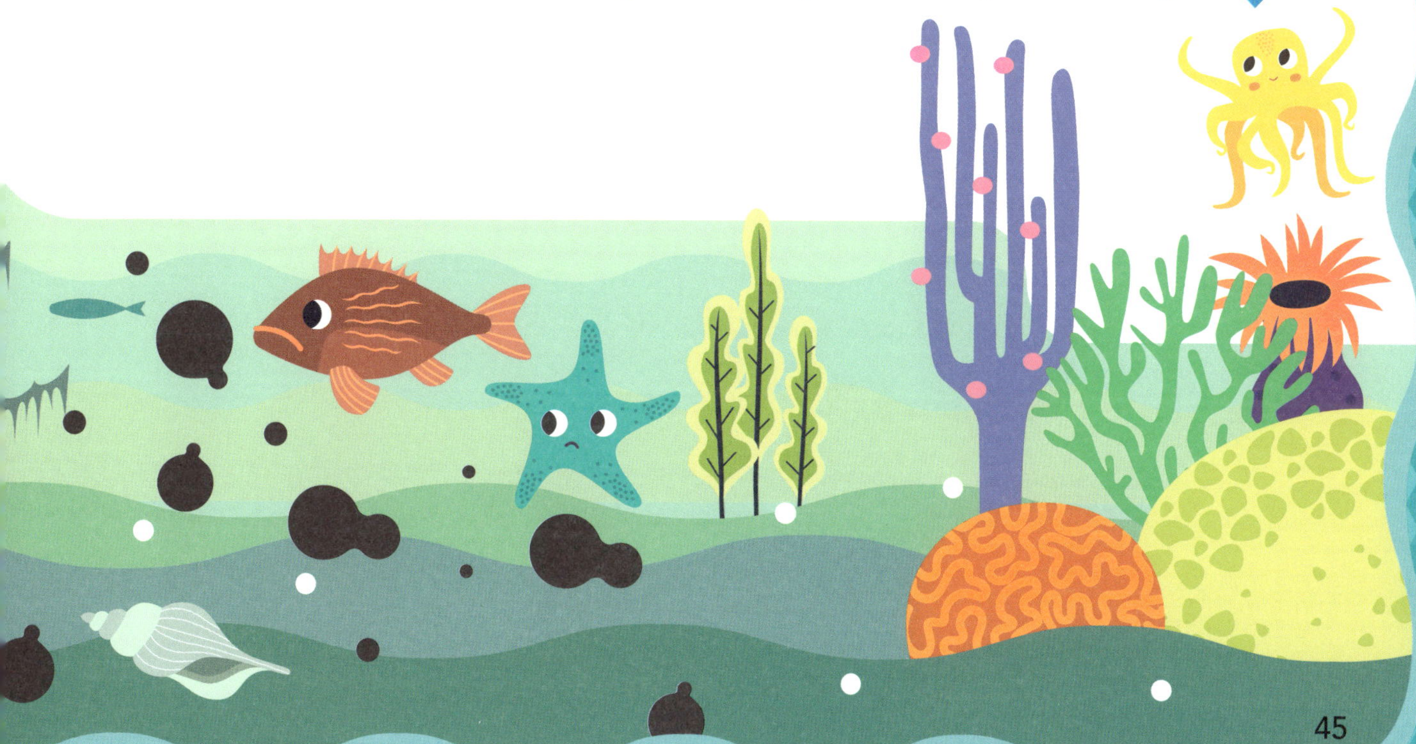

거대한 난파선

갑자기 거대한 배가 세 친구 앞에 나타났어요!
"얘들아, 저기 봐! 저 배의 구멍에서 먹물이 나오고 있어!"
"저 위로 어떻게 올라가지? 너무 높은걸…"
문제를 풀며 끝까지 헤엄쳐 가 보세요!

11
+ 18

57
− 36

18
× 3

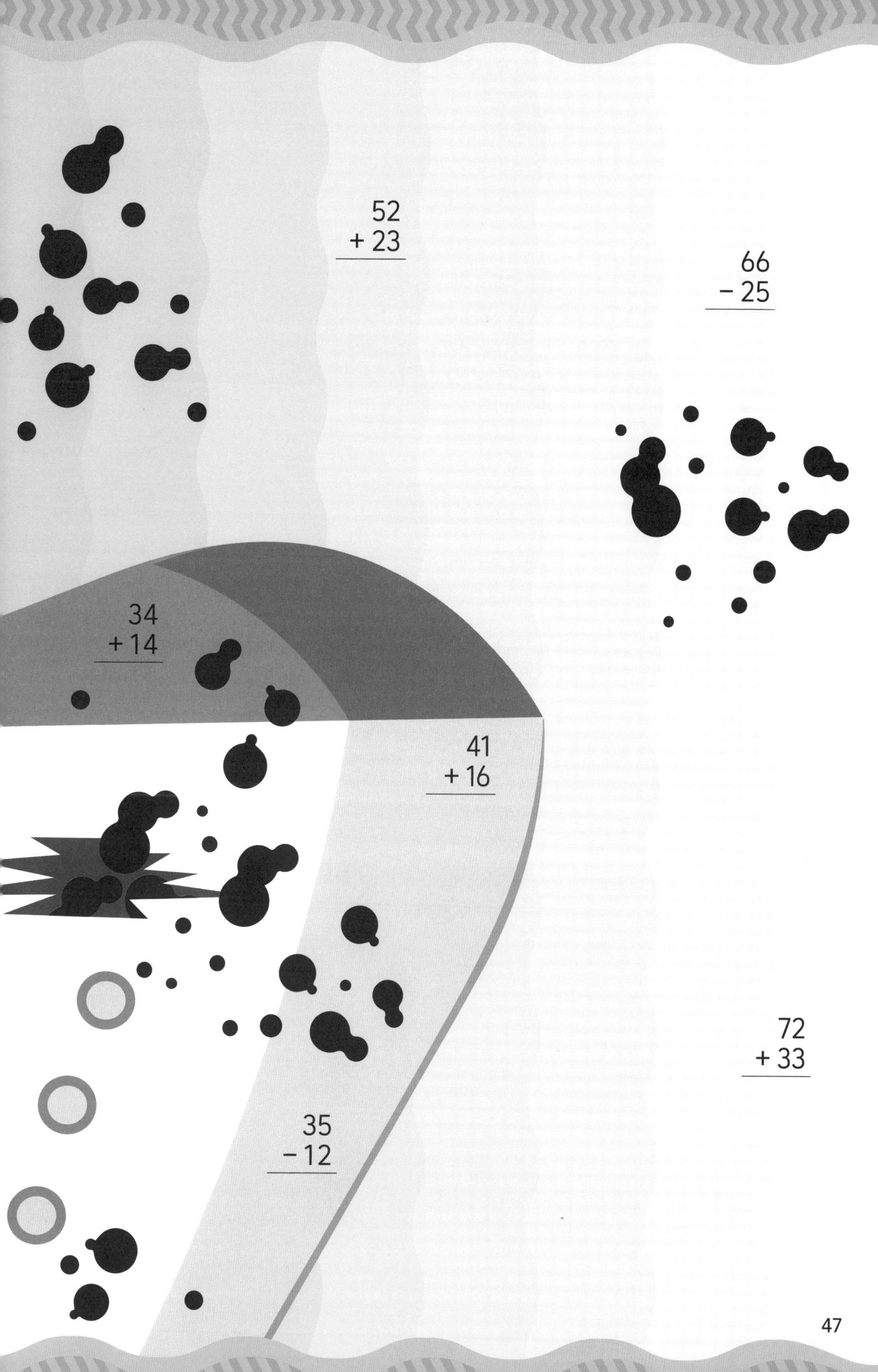

52
+ 23

66
− 25

34
+ 14

41
+ 16

72
+ 33

35
− 12

먹물이 퍽!

세 친구가 난파선의 구멍 안으로 들어가자마자, 입이 떡 벌어졌어요. 미처 피할 새도 없이
문어의 얼굴에 커다란 검은 덩어리가 날아왔거든요.
"이걸 어떻게 지운담? 안 지워지는 건 아니겠지?"
불가사리가 울먹거리며 묻자, 문어가 말했어요.
"음, 그럴 것 같지는 않아…. 일단 난 괜찮으니 출발하자."
"정말 괜찮아?"
"이건 그냥… 먹물 같은걸?"
불가사리와 우럭은 그런 문어를 걱정스러운 눈빛으로 보았지만, 다행히 문어는 정말로 멀쩡해 보였어요.
세 친구는 그렇게 난파선으로 더 깊이 들어갔어요. 얼마나 갔을까요?
희미한 불빛이 보이기 시작했어요.

이 빛은 대체 무슨 빛일까요?
빛의 정체를 알아내기 위해서 아래 문제를 풀어서 작은 수부터 순서대로 이어 보세요.

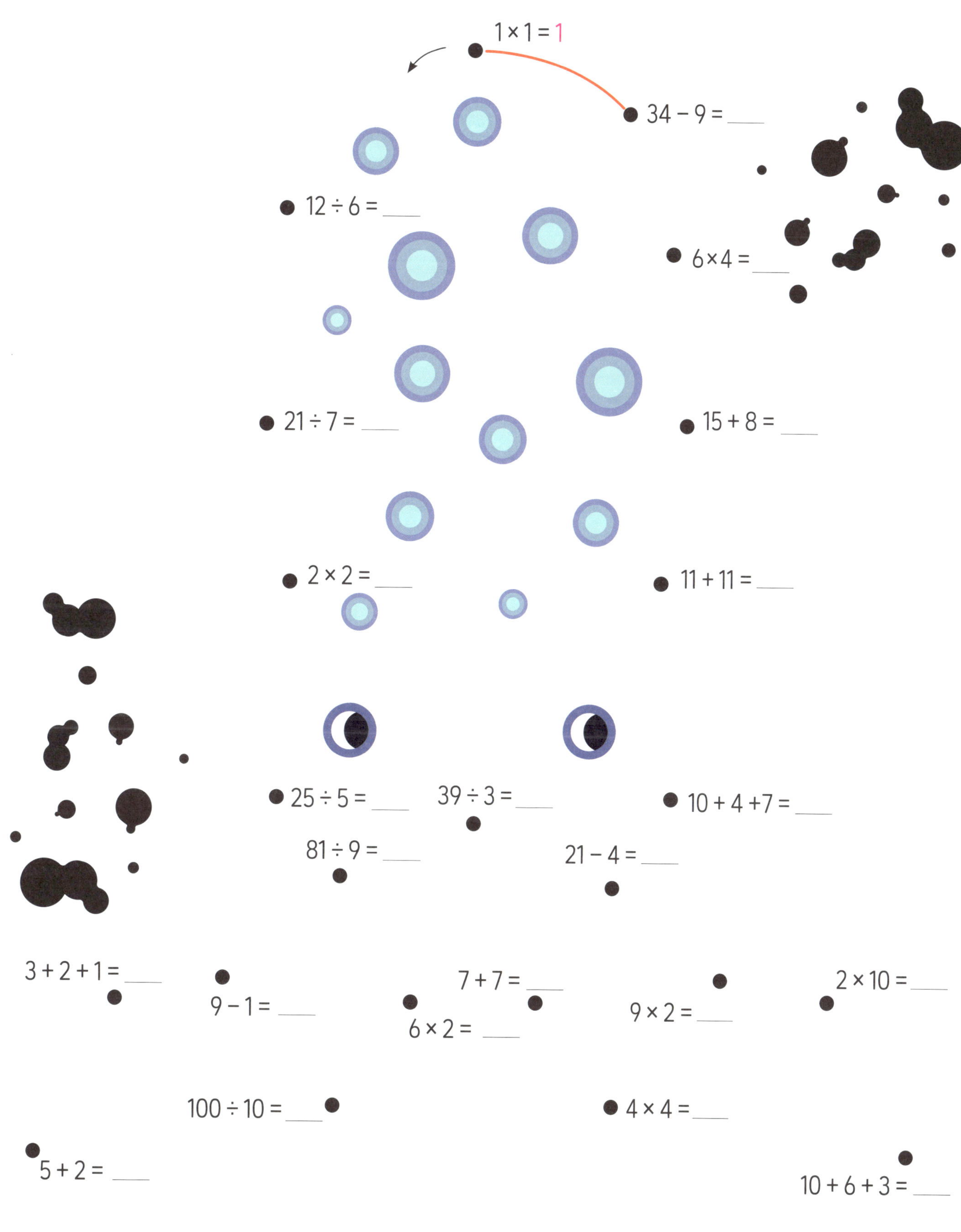

분노한 오징어

문제를 풀자, 거대한 오징어가 그림자 뒤에서 나타났어요.
그 뒤에 또 다른 오징어, 그 오징어 뒤에 또 다른 오징어…! 오징어들이 들어오면서 어두운 배가 환해졌어요.
"어… 음… 안녕?"
우럭이 어색한 인사를 건네자, 우두머리로 보이는 오징어가 화난 목소리로 답했어요.
"하! 지금 한가하게 인사할 때야? 우린 방금 너희들이 풀어 버린 문제들을 풀려고 몇 날 며칠 고민했다고!"
"했다고! 했다고!"
대장 오징어가 한 말을 다른 오징어들도 합창하듯 따라 했어요. 오징어들이 화를 내자, 그들의 입에서 새로운 먹물 거품이 방울방울 튀어나왔어요.
"저 오징어들이 먹물 거품의 범인이었어!"
"얘들아, 진정해 봐! 우리가 너희를 도와줄게."
오징어들이 진정할 수 있게 도와주세요. 배 밑에 적힌 숫자 표에서 숨겨진 덧셈식을 찾으면 돼요!
위에서 아래로, 왼쪽에서 오른쪽으로 적혀 있는 덧셈식을 찾아서 **+**와 **=**를 사용해
하나의 덧셈식을 완성해 보세요. 그리고 동그라미를 그려서 묶어 주면, 완성이에요!

0	2	3	5	4	3	8	0
6	3	4	0	1	5	2	7
0	6	3	9	3	4	2	8
4	7	1	5	4	9	1	0
1	2	4	3	3	2	+	8
6	4	0	6	4	3	6=7	1
7	2	9	2	1	8	4	5
3	3	6	2	8	1	9	0
0	5	4 + 4 = 8			7	2	5

바닷속의 문제

불가사리, 우럭, 문어는 오징어들이 골머리를 앓고 있던 수학 문제를 해결하려 해요.
"흠흠, 진작에 너희들이 있었다면 이렇게 화나서 먹물을 뿜는 일은 없었을 텐데….."
"하하, 우리도 먹물을 많이 맞지는 않았어!"
이번 문제는 바닷속에서 흔히 볼 수 있는 문제들이에요. 문제를 읽고 답해 주세요.

(1) 욕심 많은 불가사리가 130마리의 성게를
모았습니다. 매일 26마리씩 먹는다면
며칠 동안 먹을 수 있을까요?

....

(2) 문어 도시에는 문어가 총 64마리 있습니다.
구역당 8마리의 문어가 살고 있다면
그 도시는 몇 구역으로 나뉘어 있나요?

....

(3) 쏨뱅이는 가시가 등에 13개, 입에 5개,
이마 위에 4개, 콧잔등에 4개 있습니다.
쏨뱅이의 가시는 모두 몇 개인가요?

....

규칙을 찾아서

"오징어들은 왜 이렇게 수학 문제 풀이에 관심이 많은 거야?"
우럭이 묻자, 한 오징어가 입을 열었어요.
"그건 전설로 내려오는 수학 예언이 있거든. 아주아주 오래전에 위대한
연체동물의 정령님이 말씀하셨어. 언젠가 우리가 이 수학 문제를 풀면,
행복이 가득한 바다로 갈 수 있대!"
각각의 규칙을 찾아서 스티커로 빈칸을 채우세요.

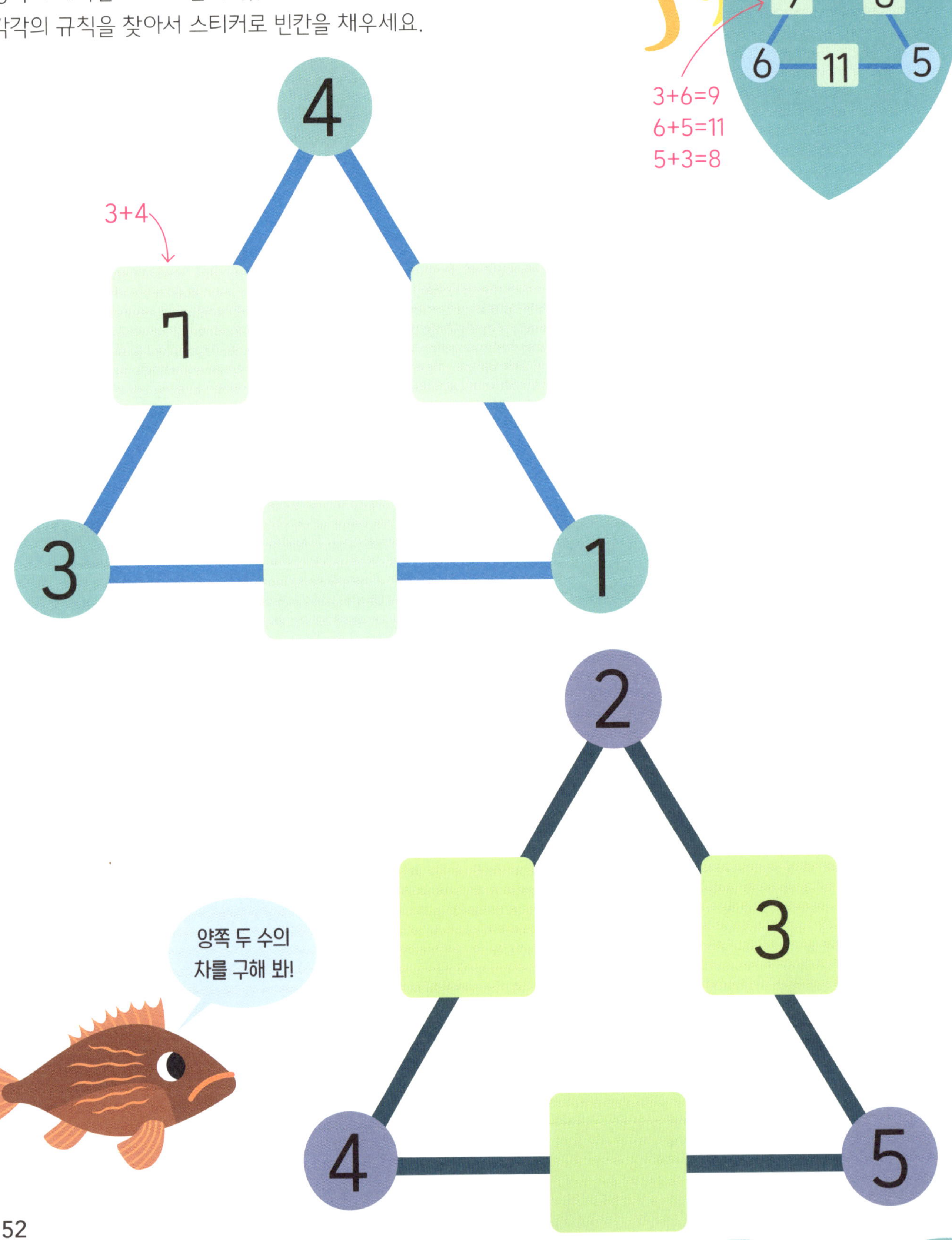

2

18

9

6

12

5

15

3

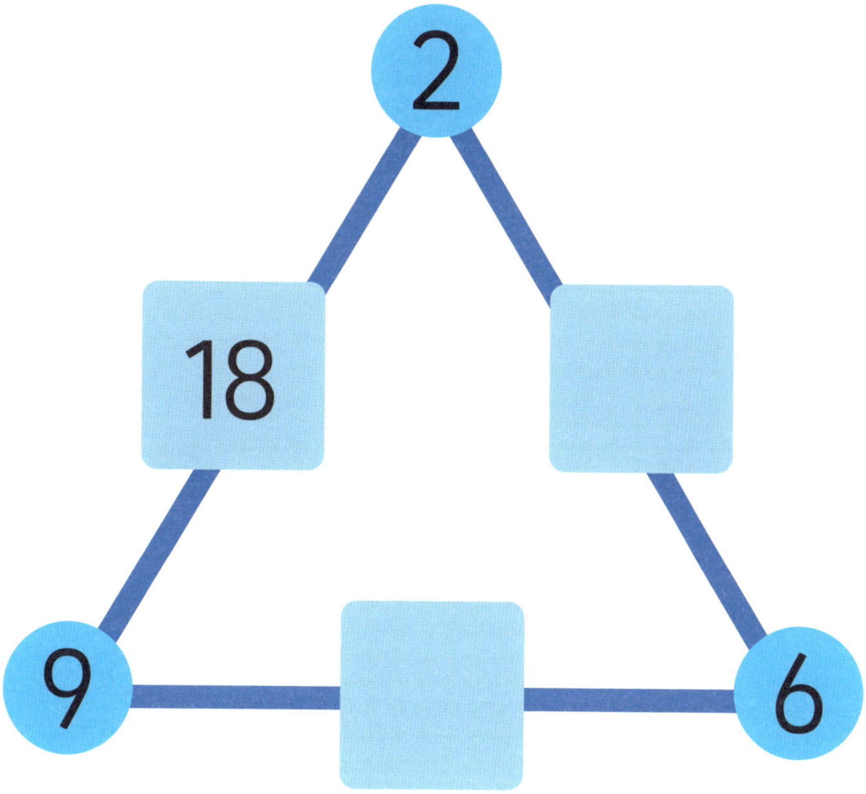

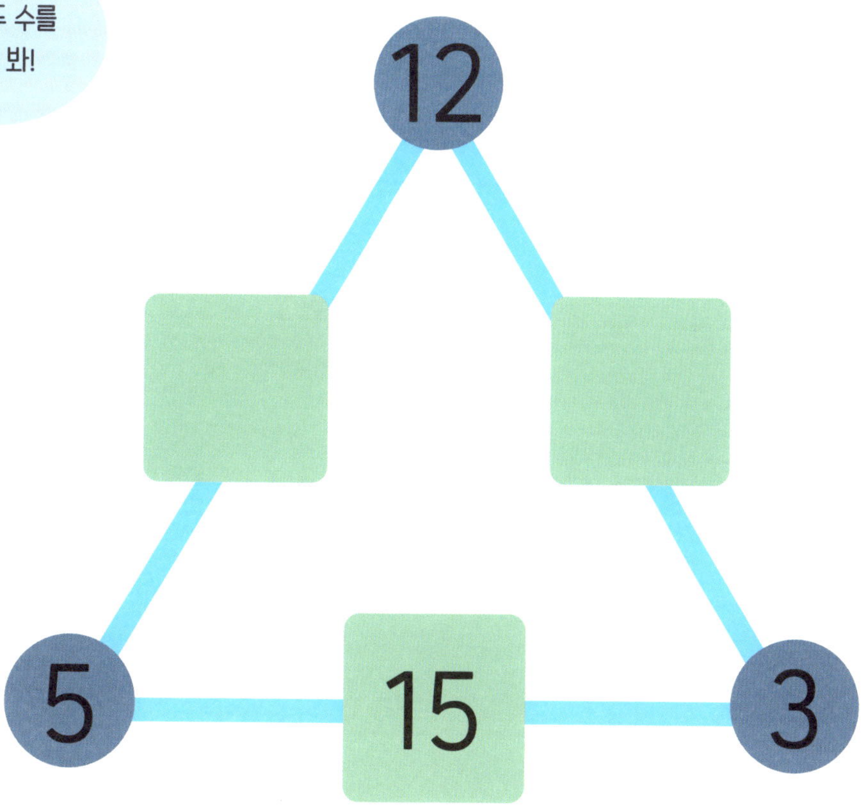

마지막 관문

행복이 가득한 바다로 가려면 아주 위험한 물보라의 골짜기를 건너야 해요.
상어, 해파리, 물보라를 피해서 안전하게 갈 수 있도록 도와주세요.
화살표 방향으로 화살표에 적힌 수만큼 이동하세요.
첫 번째 화살표가 있는 칸을 빼고 나머지 지나가는 칸에는 스티커를 붙여 길을 만들어 주세요!

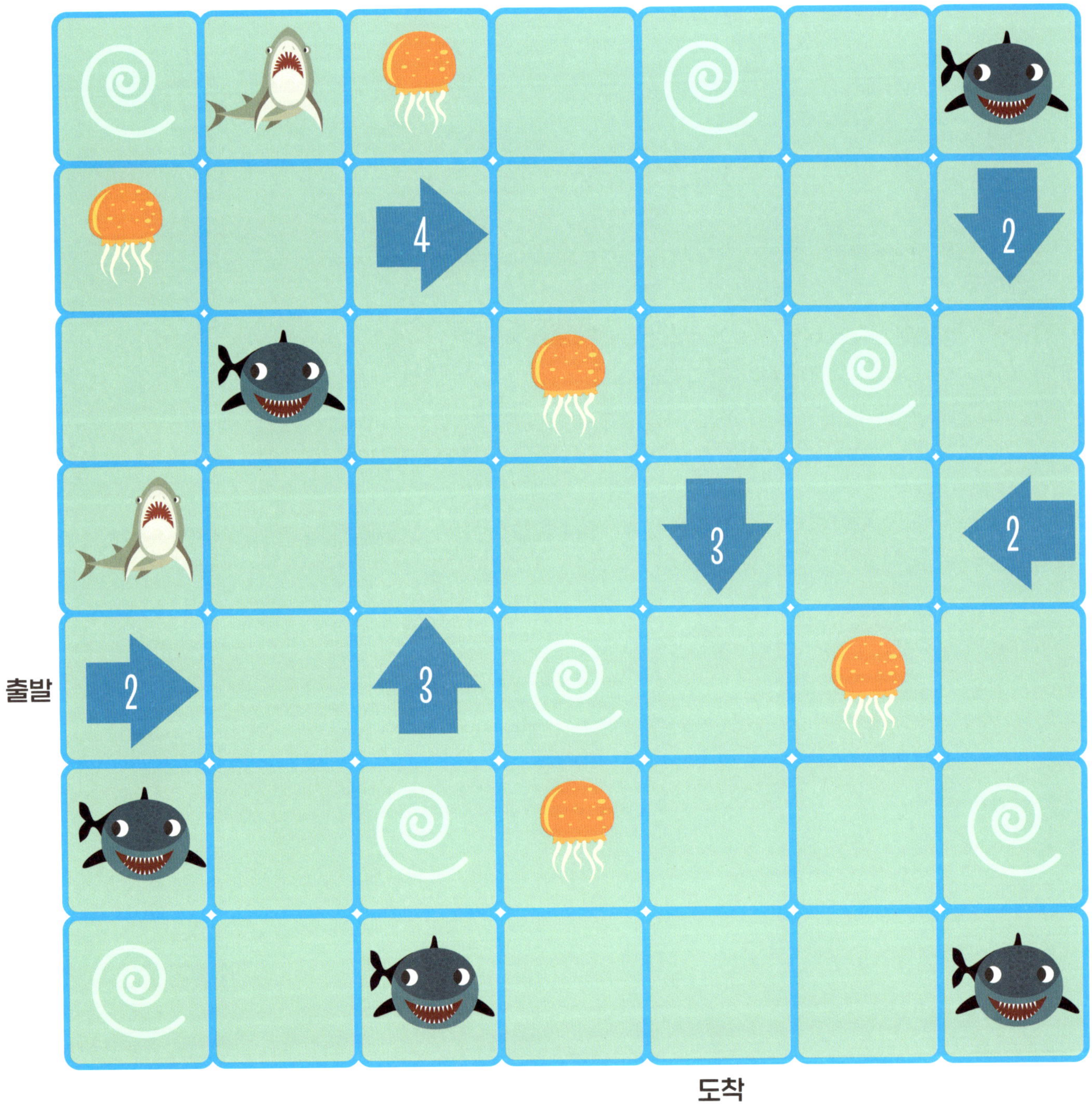

출발

도착

54

행복이 가득한 바다로!

불가사리와 우럭, 문어, 그리고 여러분 덕분에 오징어들은 전설 속의 모든 문제를 풀고
행복이 가득한 바다로 떠날 수 있게 되었어요!
빈칸에 알맞은 스티커를 붙여 행복한 오징어의 나라를 완성해 주세요.

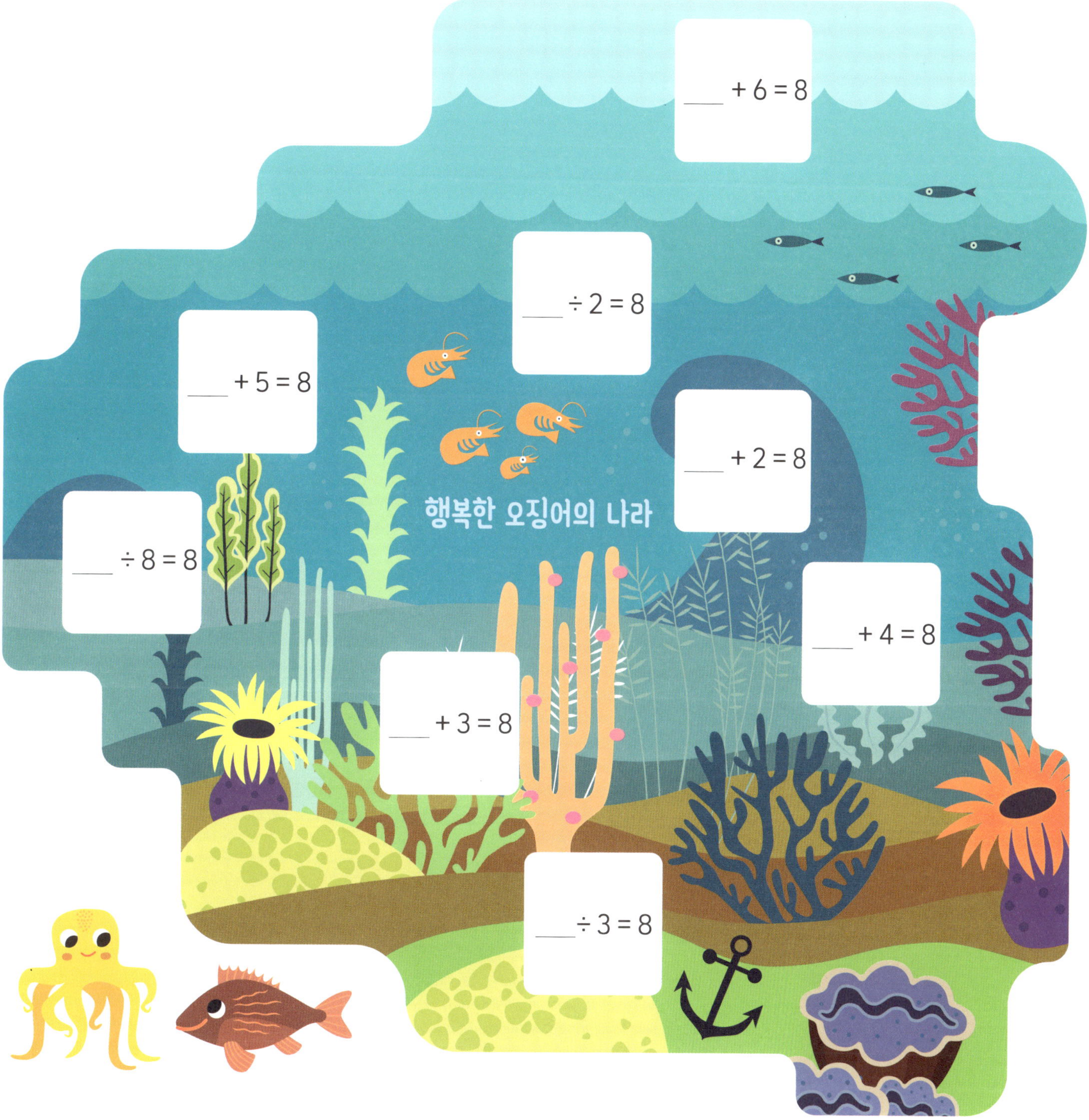

이제 검은 먹물 거품이 사라지고, 바다는 평화를 되찾았어요.
세 친구는 드디어 집으로 돌아갈 수 있게 되었답니다.

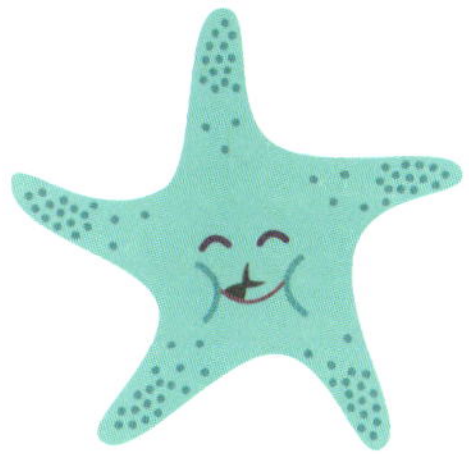

더 풀어 보기

 덧셈표와 뺄셈표를 완성해 보세요.

1.

+4	
3	
8	
9	

2.

+8	
3	
5	
7	

3.

−6	
15	
14	
13	

4.

−9	
11	
14	
16	

 ☐ 안에 알맞은 수를 써넣으세요.

5. $13 - \boxed{} = 4$

6. $\boxed{} - 6 = 7$

7. $15 - \boxed{} = 8$

8. $5 + \boxed{} = 12$

9. $\boxed{} + 6 = 11$

10. $8 + \boxed{} = 13$

 식을 보고 숨겨진 카드의 수를 구해 보세요.

11.

$4 + ☆ = 5$

$☆ + ☆ = ♡$

$◇ + ♡ = ♡$

$☆ =$ ___________

$♡ =$ ___________

$◇ =$ ___________

12.

$☆ + ☆ = 8$

$☆ - 3 = ♡$

$☆ + ♡ = ◇$

$☆ =$ ___________

$♡ =$ ___________

$◇ =$ ___________

 알맞은 식과 답을 구해 보세요.

13. 체육관에 농구공이 15개, 축구공이 8개 있습니다. 농구공이 축구공보다 몇 개 더 많을까요?

식 ___________

답 ___________

14. 바구니에 감자 12개와 고구마 18개가 들어 있습니다. 감자와 고구마는 모두 몇 개일까요?

식 ___________

답 ___________

□ 안에 +, −를 알맞게 써넣으세요.

15. $5 \;\square\; 4 = 9$

16. $2 \;\square\; 6 = 8$

17. $4 \;\square\; 3 = 1$

18. $6 \;\square\; 5 = 11$

19. $7 \;\square\; 2 = 5$

20. $0 \;\square\; 6 = 6$

21. $3 \;\square\; 1 = 2$

22. $1 \;\square\; 1 = 0$

23. $8 \;\square\; 1 = 9$

문제를 읽고 답을 구해 보세요.

24. 재영이는 동화책을 어제는 38쪽 읽었고 오늘은 어제보다 15쪽 더 많이 읽었습니다.
재영이가 어제와 오늘 읽은 동화책은 모두 몇 쪽인가요?

25. 인수네 반 남학생은 17명이고, 여학생은 남학생보다 4명 더 적습니다.
인수네 반 학생은 모두 몇 명인가요?

 친구들이 말하는 식을 만들어 보세요. (답은 여러 개일 수 있습니다.)

26.

27.

 물음에 답해 보세요.

28.

29.

30. 수 카드 3장 중에서 2장을 골라 두 수의 합이 50에 가장 가까운 덧셈식을 만들려고 합니다. ◻ 안에 알맞은 수를 써넣으세요.

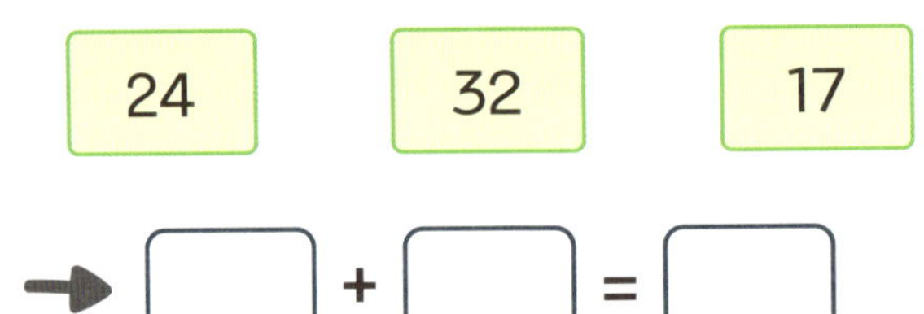

| 24 | 32 | 17 |

→ ◻ + ◻ = ◻

31. 수 카드 3장 중에서 2장을 골라 두 수의 차가 20에 가장 가까운 뺄셈식을 만들려고 합니다. ◻ 안에 알맞은 수를 써넣으세요.

| 9 | 26 | 5 |

→ ◻ - ◻ = ◻

 알맞은 식과 답을 구해 보세요.

32. 색종이 18장 중에서 5장은 비행기를 접었고, 7장은 꽃을 접었습니다. 남은 색종이는 몇 장인가요?

식 ________________

답 ________________

33. 접시에 과자가 21개 있습니다. 지연이가 5개를 먹었고, 승호가 8개를 더 가져다 놓았습니다. 접시에 과자는 모두 몇 개 있나요?

식 ________________

답 ________________

 계산 결과가 다른 식에 X표 하세요.

34.

35.

36.

37.

 ☐ 안에 알맞은 수를 써넣으세요.

38. $9 \times \boxed{} = 54$

39. $\boxed{} \times 4 = 28$

40. $48 \div \boxed{} = 6$

41. $\boxed{} \div 2 = 9$

42. $24 \div \boxed{} = 3$

43. $\boxed{} \div 5 = 4$

더 풀어 보기

 주머니에 수가 적힌 공이 여러 개 들어 있습니다. 공을 10번 꺼내어 적힌 수만큼 점수를 얻는 놀이를 하였습니다. 얻은 점수는 몇 점인지 구해 보세요.

44.

공에 적힌 수	1	4
꺼낸 횟수(번)	5	5

45.

공에 적힌 수	2	6
꺼낸 횟수(번)	7	3

46.

공에 적힌 수	3	5	7
꺼낸 횟수(번)	4	1	5

47.

공에 적힌 수	2	5	8
꺼낸 횟수(번)	5	3	2

 알맞은 곱셈식이 되도록 ☐ 안에 수 카드를 한 번씩 써넣으세요.

48.   2   3   8

$$4 \times \boxed{} = \boxed{}\,\boxed{}$$

49.   3   6   9

$$7 \times \boxed{} = \boxed{}\,\boxed{}$$

50.   0   3   6

$$5 \times \boxed{} = \boxed{}\,\boxed{}$$

51.   1   2   4

$$3 \times \boxed{} = \boxed{}\,\boxed{}$$

 나눗셈을 계산하고 몫이 큰 차례대로 기호를 써 보세요.

52.

⊙ 72 ÷ 9　　ⓛ 36 ÷ 4　　ⓒ 42 ÷ 7

____

53.

⊙ 48 ÷ 8　　ⓛ 40 ÷ 5　　ⓒ 42 ÷ 6

____

54. 초콜릿 24개를 학생들에게 똑같이 나누어 주려고 합니다. 학생 수가 각각 다음과 같을 때 한 명에게 줄 수 있는 초콜릿을 알맞게 이어 보세요.

| 4명 | 6명 | 8명 |

정답

9쪽

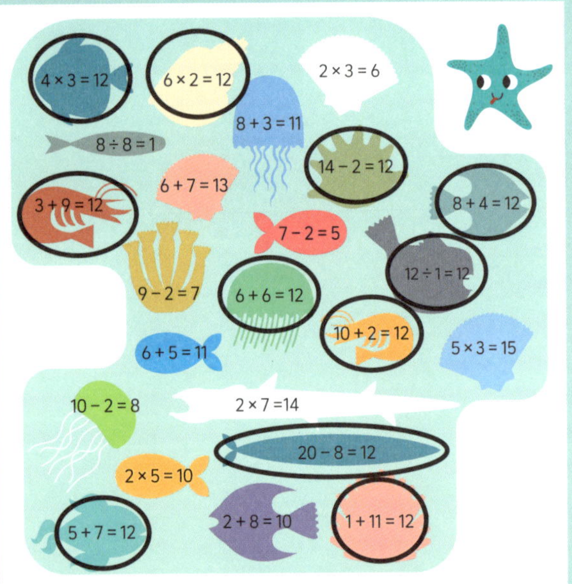

10~11쪽

출발 →	2 + 4 = 6	4 − 4 = 0	10 + 3 = 13	5 + 4 = 9	
2 + 8 = 10	5 + 9 = 14	5 − 3 = 2	12 + 3 = 15	6 + 5 = 11	7 + 6 = 13
9 + 4 = 13	8 + 4 = 12	8 + 5 = 13	8 + 2 = 10	5 + 5 = 10	9 + 8 = 17
6 + 1 = 7	6 + 8 = 14	7 + 8 = 15	3 + 4 = 7	10 + 5 = 15	9 + 1 = 10
5 + 2 = 7	5 + 1 = 6	9 + 3 = 12	11 + 3 = 14	4 + 8 = 12	4 + 3 = 7
	6 + 4 = 10	7 + 4 = 11	6 + 7 = 13	9 + 5 = 14 → 갈라진 바닥	

/ 갈라진 바닥

13쪽

종류	1구역	2구역	3구역	4구역	합계
	4	4	2	4	14
	3	2	4	3	12
	2	3	3	2	10
	2	1	3	2	8

7+3=10, 5+4=9, 6+2=8, 3+4=7

14쪽

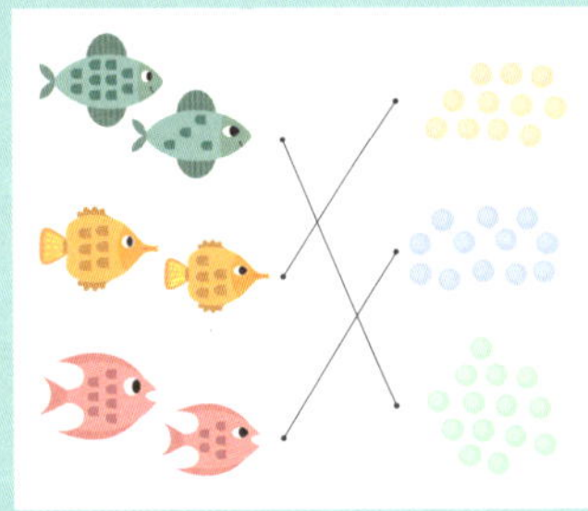

15쪽

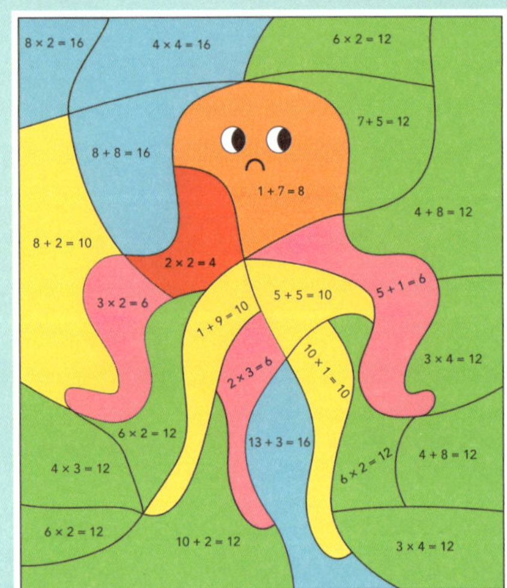

16쪽

6−4=2, 7−5=2, 8−1=7, 9−7=2, 5−4=1, 8−6=2, 7−1=6, 8−2=6

17쪽

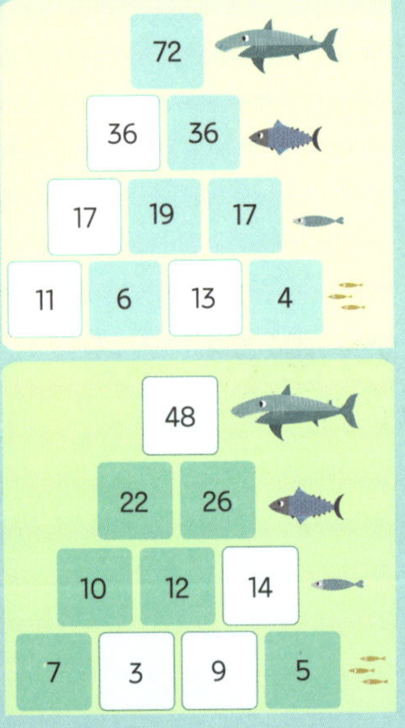

18쪽

19쪽

20~21쪽

불가사리 1 − 2 − 3 − 4 − 5 − 6 − 7 − 8 − 9 − 10 −
11 − 12 − 13 − 14 − 15 − 16
우럭 4 − 8 − 12 − 16 / 문어 2 − 4 − 6 − 8 − 10 − 12 − 14 − 16

23쪽

24~25쪽

26쪽

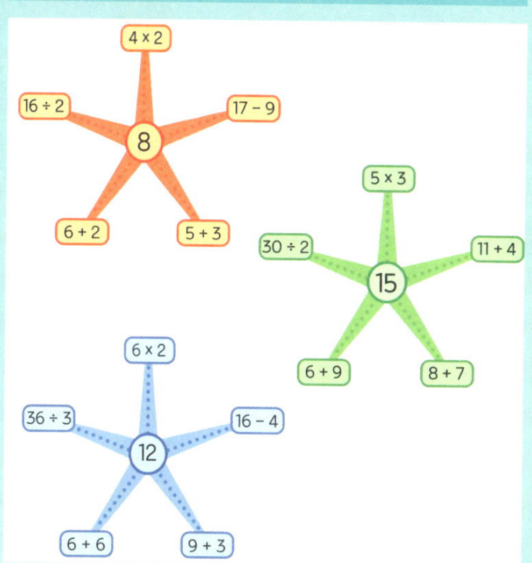

27쪽

28~29쪽

32쪽

33쪽

35쪽

36쪽

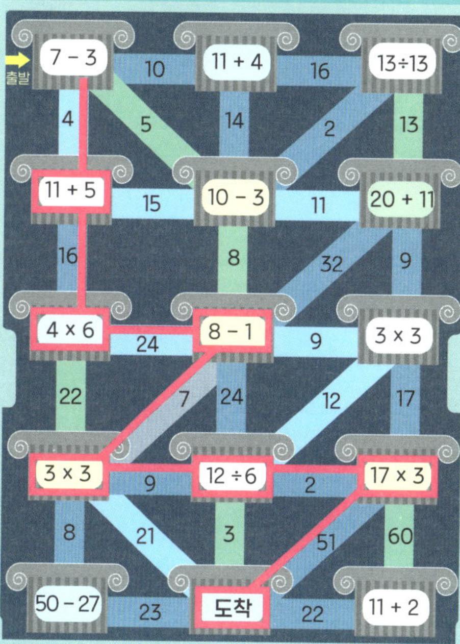

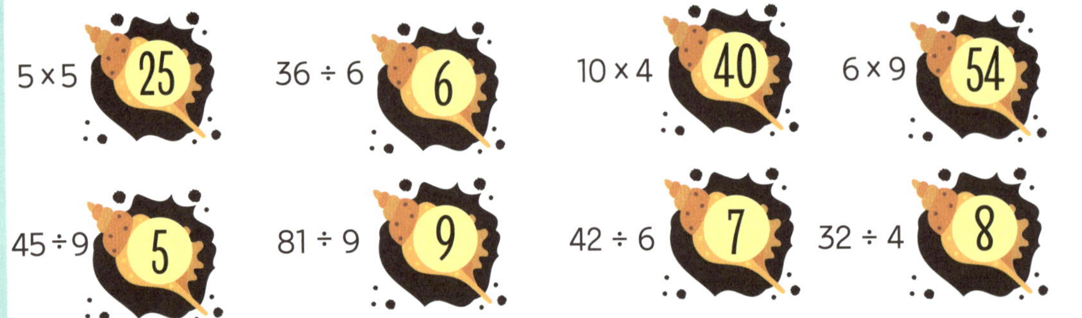

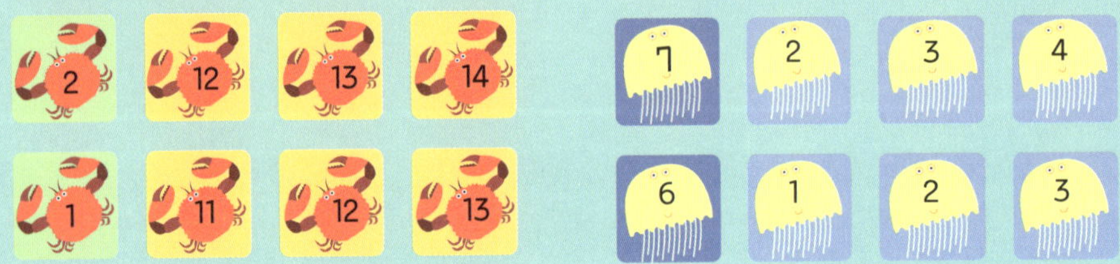

45쪽

12를 빼면 5가 되는 수	3으로 나누어 떨어지는 수	4의 곱셈구구의 값	3을 더해서 7이 되는 수	5로 나누어떨어지는 수	2의 곱셈구구의 값	9를 곱해서 54가 되는 수
13	5	16	4	15	11	8
21	9	32	3	10	4	7
출발 17	6	9	2	7	8	5
19	2	15	1	11	12	6 도착

46~47쪽

52 + 23 75	34 + 14 48	66 − 25 41
11 + 18 29	41 + 16 57	57 − 36 21
18 × 3 54	35 − 12 23	72 + 33 105

51쪽

(1) 130 ÷ 26 = 5(일)
　　(또는 130−26−26−26−26−26=0 → 5일)

(2) 64 ÷ 8 = 8(구역)

(3) 13 + 5 + 4 + 4 = 26(개)

49쪽

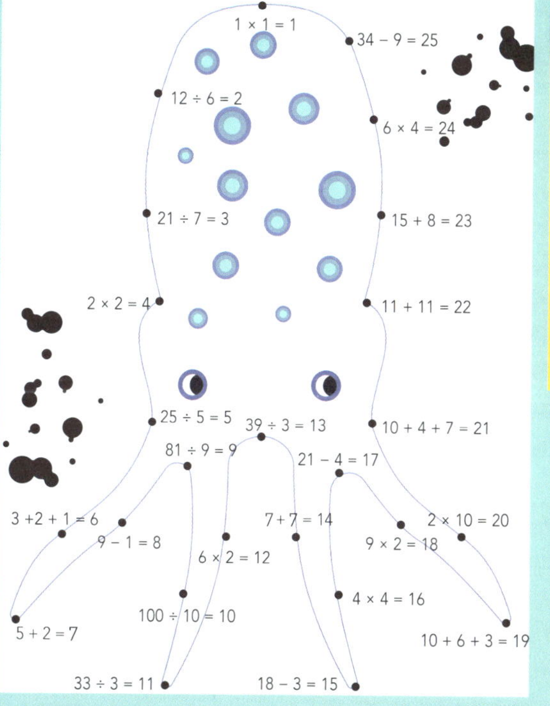

50쪽

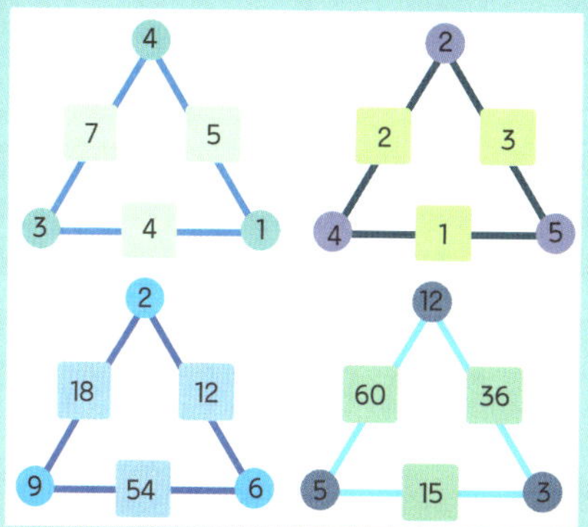

52~53쪽

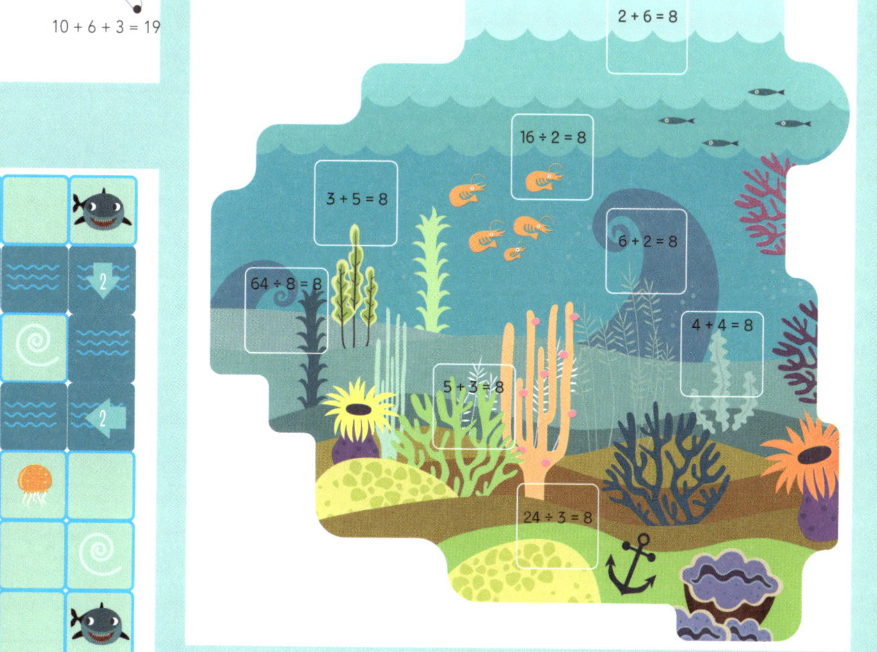

55쪽

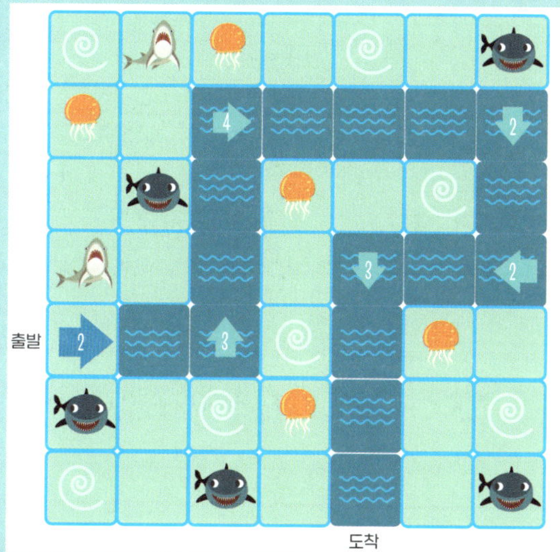

54쪽

더 풀어 보기 정답

56쪽

1. 7, 12, 13   2. 11, 13, 15   3. 9, 8, 7   4. 2, 5, 7
5. 9   6. 13   7. 7   8. 7   9. 5   10. 5

57쪽

11. 1 / 2 / 0   12. 4 / 1 / 5
13. 식 15-8=7, 답 7개   14. 식 12+18=30, 답 30개

58쪽

15. +   16. +   17. -   18. +   19. -   20. +   21. -
22. -   23. +   24. 91쪽   25. 30명

59쪽

26. 예 0+3=3, 1+2=3, 2+1=3, 3+0=3   27. 예 9-5=4, 8-4=4, 7-3=4, 6-2=4
28. 9   29. 8

60쪽

30. 32+17=49(또는 17+32=49)   31. 26−5=21
32. 식 18−5−7=6, 답 6장   33. 식 21−5+8=24, 답 24개

61쪽

34. 9−5에 ×표   35. 2×9에 ×표   36. 24÷8에 ×표   37. 2×4에 ×표
38. 6   39. 7   40. 8   41. 18   42. 8   43. 20

62쪽

44. 25점   45. 32점   46. 52점   47. 41점

48. 4 × 8 = 3 2   49. 7 × 9 = 6 3
50. 5 × 6 = 3 0   51. 3 × 4 = 1 2

63쪽

52. ㉢, ㉠, ㉡   53. ㉢, ㉡, ㉠   54.
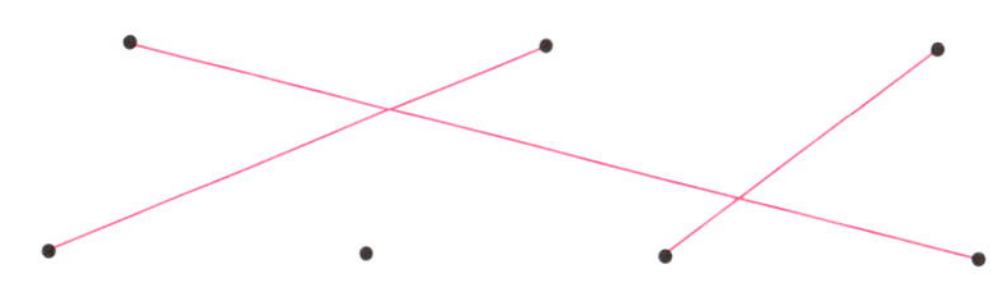

수빠맨 과 함께하는 초등 수학 학습 로드맵

쉽고 재미있게 초등 수학 전 과정을 배워 보세요.

초등 수학 교육 과정

수와 연산	도형과 측정
변화와 관계	자료와 가능성

영역	권	권 제목	세부 영역	학습 주제	권장 학년	학습 내용
수와 연산 기본	1	숫자 영웅들의 수학 모험	수와 연산	· 수 · 도형 기초	1학년	· 0에서 9까지 수 익히기 · 여러 가지 선 알기 · 평면도형 개념 알기 · 도형의 안과 밖 깨치기
	2	덧셈 뺄셈 몬스터 왕국	수와 연산	· 덧셈과 뺄셈 기초	1학년	· 두 자리 수 익히기 · 모양과 크기가 같은 도형 찾기 · 덧셈식과 뺄셈식의 기초
	3	나무마니 마을의 더하기 빼기	수와 연산	· 덧셈과 뺄셈 심화	1학년	· 세 수의 덧셈식과 뺄셈식 · 100까지 수 익히기 · 좌표 읽기 기초 · 묶어 세기
	4	곱셈구구 나라의 비밀	수와 연산	· 곱셈과 나눗셈 기초	2학년	· 곱셈구구 · 곱셈식과 나눗셈식 · 복잡한 계산식 쉽게 풀기
	5	사칙연산 바다를 지켜라	수와 연산	· 사칙연산 기초	2학년	· 연산 규칙 찾기 · 여러 가지 방법으로 복합 사칙연산 하기 · 덧셈과 뺄셈의 관계를 식으로 나타내기
	6	곱셈 공장 수리 작전	수와 연산	· 사칙연산 심화	2학년 ~ 4학년	· 곱셈·나눗셈 세로식 풀이 · 곱셈의 교환법칙과 결합법칙 · 약수와 배수 · 나눗셈의 몫을 곱셈식으로 구하기

영역	권	권 제목	세부 영역	학습 주제	권장 학년	학습 내용
수와 연산 심화	7	곱셈 나눗셈으로 요리를 뚝딱	수와 연산	·곱셈과 나눗셈 심화 ·분수 기초	3학년 ~ 5학년	·(몇십)×(몇)을 구하기 ·(몇십)÷(몇)을 구하기 ·똑같이 나누기 ·분수로 나타내기 ·단위분수 개념
	8	분수 도둑을 잡아라	수와 연산	·분수	3학년 ~ 5학년	·분자와 분모 ·크기가 같은 분수 만들기 ·분수 크기 비교 ·분수 계산
	9	소수 해적단의 바다 탐험	수와 연산	·소수 ·백분율	3학년 ~ 6학년	·소수 개념 ·소수 크기 비교 ·소수 계산 ·백분율 개념과 분수를 백분율로 치환하기
	10	수학 마법의 성에서 규칙 찾기	수와 연산	·사고력 연산	2학년 ~ 5학년	·수 배열 규칙 찾기 ·읽고 이해해서 푸는 문해력 연산 ·연산식으로 암호 풀기 ·연산 미로

영역	권	권 제목	세부 영역	학습 주제	권장 학년	학습 내용
도형과 측정, 변화와 관계, 자료와 가능성	11	공룡을 재는 여러 단위	측정	·길이 ·들이 ·무게 ·시간	2학년 ~ 3학년	·길이, 넓이, 무게, 들이의 단위 ·기호를 숫자로 나타내기 ·시간과 시계 읽는 법 ·섭씨 온도와 화씨 온도
	12	규칙 유령이 사는 집	변화와 관계	·규칙과 추론	2학년 ~ 4학년	·수 배열 규칙 추론 ·계산식에서 규칙 추론 ·무늬에서 규칙 추론 ·도형의 배열에서 규칙 추론
	13	도형과 함께 우주 탐험	도형	·도형 ·공간	3학년 ~ 6학년	·선의 종류(선분과 직선) ·각과 직각 ·평면도형 ·정다면체 ·대칭이동과 회전이동, 평행이동
	14	숫자와 그래프로 마을을 구하라	자료와 가능성	·그래프 ·집합	3학년 ~ 6학년	·표와 그래프 읽기 ·자료 조사와 표, 그래프로 나타내기 ·벤 다이어그램과 집합 ·비례식

글 | 테크노사이언스

박물관, 기업 등 수많은 기관을 대상으로 수학, 과학, 기술, 환경 등의 정보를 전파하는 데 15년 이상 참여해 온 작가 및 교육자 집단입니다. 이들이 만든 책은 세계 여러 나라에서 출판되었으며 생각과 행동, 감정의 변화를 이끌어내고 있습니다.

그림 | 아그네세 바루치

ISIA(최고예술산업연구소)에서 그래픽을 공부했습니다. 2001년부터 일러스트레이터이자 작가로 활동하고 있으며 청소년을 위한 책들을 출판했습니다.

감수 | 송용진

한국을 대표하는 위상수학자입니다. 서울대학교 수학과를 졸업하고 미국 오하이오주립대에서 박사학위를 받았습니다. 오랫동안 영재교육과 수학올림피아드에 대한 일을 해 왔으며 지금은 국제수학올림피아드 선출직 위원(IMO Board Member)으로 활동하고 있습니다. 쓴 책으로 《수학은 우주로 흐른다》,《영재의 법칙》,《수학자가 들려주는 진짜 논리 이야기》 등이 있습니다.

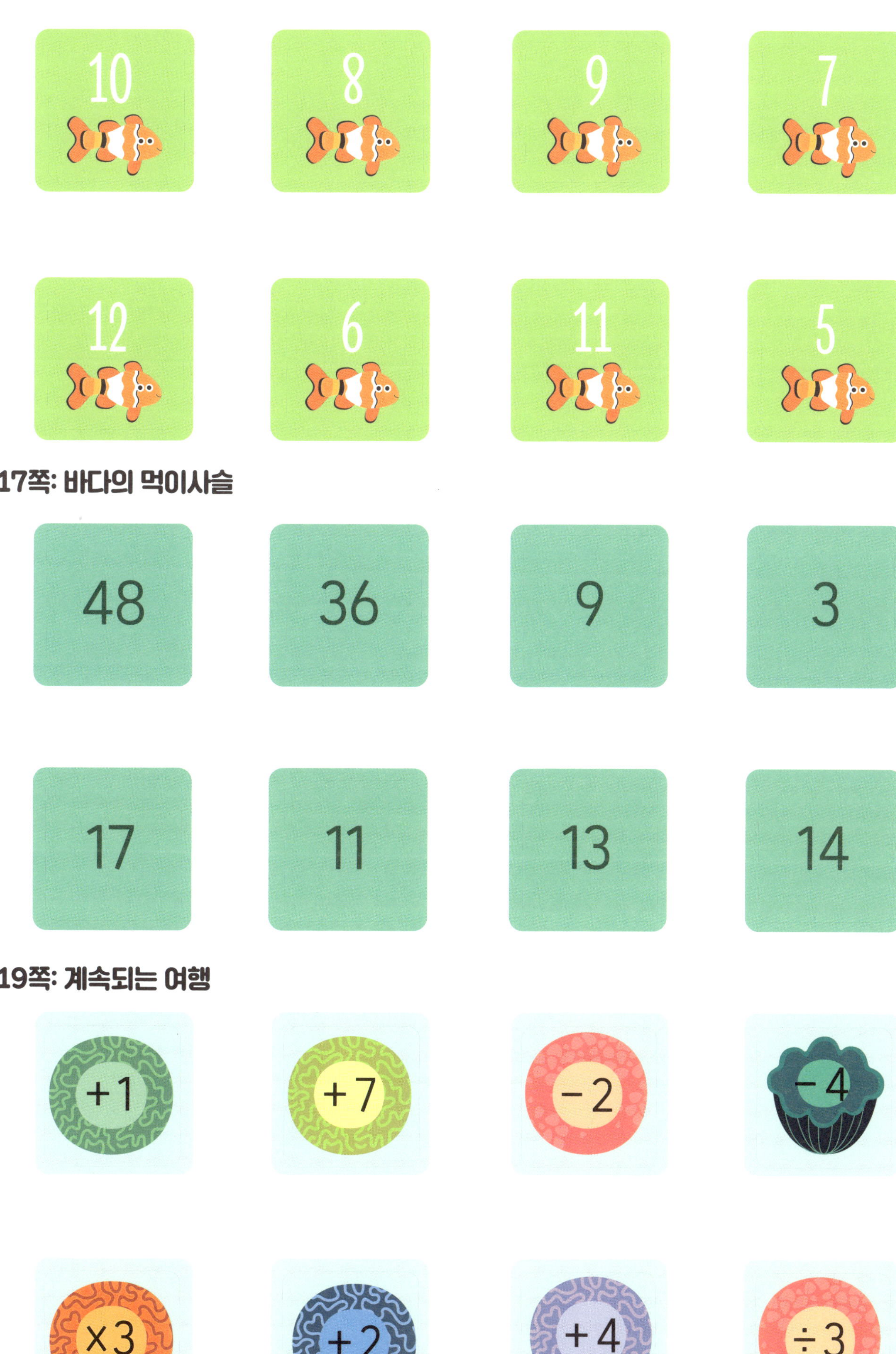
10
8
9
7
12
6
11
5
48
36
9
3
17
11
13
14
+1
+7
-2
-4
×3
+2
+4
÷3

30~31쪽: 가자미 게임

32쪽: 전투의 승자는?
6
15
3
4

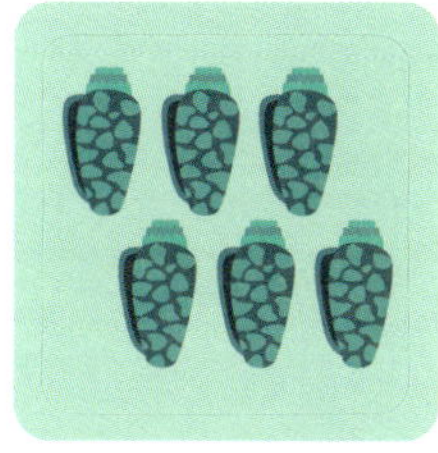   

45쪽: 거품 사이로 나 있는 길

54쪽: 마지막 관문
55쪽: 행복이 가득한 나라로!
64
5
16
3
4
2
24
6